Ernitz, Anatolio
Manual de curvas circulares. - 1a ed. - Buenos Aires : Librería y Editorial Alsina, 2013.
122 p. ; 0x0 cm.

ISBN 978-950-553-230-8

1. tecnico. I. Título
CDD

Fecha de catalogación: 20/12/2012

PLANILLA DE CARACTERISTICAS PARA PROYECTOS DE CAMINOS

Largo de vehículos		TIPO DE OBRA	Angulo al centro	Radio mínimo	Veloc. máxima p/km. hora	S/ancho		Peralte %	Pendientes límites	
						Calzada de 6 m.	Calzada de 3 m		En curva	En recta
Vehículos de 10 m. de largo	Caminos en llanuras	Pavimentados o a pavimentar ...	30 a 60	250	80	0,58	0.33	3	2 %	2,5 %
		Idem	60 » 90	200	70	0,67	0,46	3,5		
		Idem	90 » 120	150	60	0,82	0,57	4		
		Idem	120 » 150	100	50	1,10	0,80	5		
		Idem	150 » 180	50	35	1,85	1,42	6		
		Mejorados	30 » 60	200	75	0,67	0,46	3	2 %	2,5 %
		Idem	60 » 90	150	65	0,82	0,57	3,5		
		Idem	90 » 120	100	55	1,10	0,80	4		
		Idem	120 » 150	70	45	1,43	1,07	5		
		Idem	150 » 180	40	30	2,20	1,72	6		
		De tierra	30 » 60	125	65	0,94	0,67	3	2,5 %	3 %
		Idem	60 » 90	100	60	1,10	0,80	3,5		
		Idem	90 » 120	75	50	1,36	1,02	4		
		Idem	120 » 150	50	45	1,85	1,42	5		
		Idem	150 » 180	30	30	2,76	2,22	6		
	Caminos en terreno ondulado	Pavimentados o a pavimentar ...	30 a 60	200	70	0,67	0,46	3	4 %	4,5 %
		Idem	60 » 90	150	60	0,82	0,57	3,5		
		Idem	90 » 120	100	50	1,10	0,80	4	3,5 %	
		Idem	120 » 150	70	40	1,43	1,07	5	3 %	
		Idem	150 » 180	40	35	2,20	1,72	6	2,5 %	
		Mejorados	30 a 60	150	65	0,82	0,57	3	4 %	4,5 %
		Idem	60 » 90	100	55	1,10	0,80	3,5		
		Idem	90 » 120	80	50	1,30	0,96	4	3,5 %	
		Idem	120 » 150	60	45	1,61	1,22	5	3 %	
		Idem	150 » 180	35	35	2,44	1,94	6	2,5 %	
		De tierra	30 a 60	100	60	1,10	0,80	3	4,5 %	5 %
		Idem	60 » 90	80	55	1,30	0,96	3,5	4 %	
		Idem	90 » 120	60	45	1,61	1,22	4	3,5 %	
		Idem	120 » 150	40	40	2,20	1,72	5	3,5 %	
		Idem	150 » 180	20	30	3,00	3,00	6	3 %	

(Continuación).

Veh. 6m. l.		Huellas	30 a 60	45	40	—	0,95	3	11 %	13 %
		Idem	60 » 90	30	30	—	1,15	4	9 %	
		Idem	90 » 120	17	25	—	1,79	5	8 %	
		Idem	120 » 150	12	20	—	2,37	6	7 %	
		Idem	150 » 180	7	15	—	3,00	7	6 %	
Veh. 10m. l.	Caminos en sierra	Mejorados	30 a 60	80	50	1,30	0,96	3	5,5 %	6 %
		Idem	60 » 90	60	45	1,61	1,22	4	5 %	
		Idem	90 » 120	45	40	2,00	1,56	5	4 %	
		Idem	120 » 150	30	30	2,76	2,22	6	3,5 %	
		Idem	150 » 180	15	25	3,00	3,00	7	2,5 %	
Vehículos 6m. largo.		No mejorados	30 a 60	75	50	0,93	0,59	3	7 %	8 %
		Idem	60 » 90	55	45	1,14	0,73	4	6 %	
		Idem	90 » 120	40	40	1,40	0,93	5	5 %	
		Idem	120 » 150	25	30	1,92	1,32	6	4 %	
		Idem	150 » 180	20	25	2,72	1,96	7	3 %	
		De fomento	30 a 60	60	45	1,07	0,69	3	9 %	11 %
		Idem	60 » 90	45	40	1,29	0,95	4	8 %	
		Idem	90 » 120	30	35	1,70	1,15	5	6 %	
		Idem	120 » 150	20	30	2,24	1,57	6	5 %	
		Idem	150 » 180	10	20	3,00	2,67	7	4 %	

Para el sobreancho se aplicará la fórmula: $e = \frac{L^2 max.}{2R} + \frac{A}{\sqrt{R}}$; donde

e = sobreancho;
L = largo del vehículo;
R = radio;
A = ancho de la calzada.

e max. = 3.00 m.

Para las velocidades se aplicará la fórmula: $V = \sqrt{gr \frac{f + h}{1 - fh}}$; donde

V = velocidad m/seg.;
g = aceleración de la gravedad;
h = peralte m. por metro;
r = radio de la curva;
f = coef. de frotamiento { 0,15 pavimento; 0,20 mejorado; 0,25 tierra seca.

Las longitudes en pendientes límites para cada categoría no deberan exceder de 500 m. en llanura u ondulado y de 300 m. en sierra.

Para el cálculo de sobreanchos y peraltes para radios mayores de los mínimos fijados, se aplicarán las fórmulas que se indican con los valores del coeficiente de frotamientos y longitudes de vehículos adoptados para cada categoría.

La velocidad máxima no deberá exceder la mayor de las fijadas en cada categoría.

TANGENTES, DISTANCIA DEL VERTICE, COORDENADAS DEL VERTICE Y LONGITUD DE LOS ARCOS CIRCULARES DE RADIO **r** = **1** PARA UN ANGULO EN EL CENTRO DESDE **0** A **120** GRADOS.

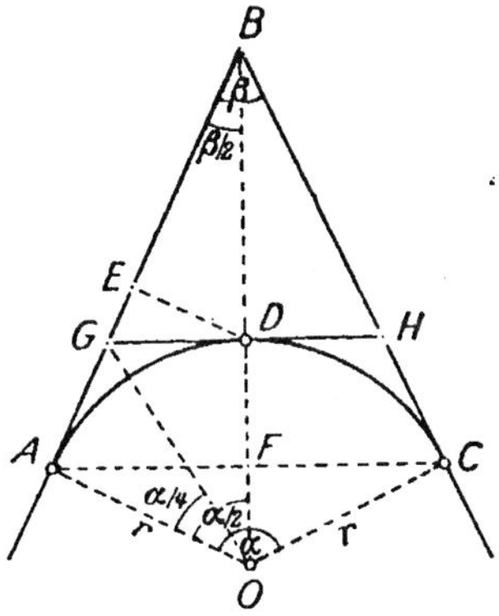

$\alpha = 0°$

Minutos	Tangente *AB*	Distancia al vértice *BD*	Abscisa *AE* y semicuerda *AF*	Ordenada *ED* flecha *DF*	Longitud del arco *ADC*
	$\operatorname{tg}\frac{\alpha}{2}$	$\sec\frac{\alpha}{2} - 1$	$\operatorname{sen}\frac{\alpha}{2}$	$1 - \cos\frac{\alpha}{2}$	$\frac{\pi\alpha}{180}$
0	0,00000	0,00000	0,00000	0,00000	0,00000
2	0,00029	. . .	0,00029	. . .	0,00058
4	0,00058	. . .	0,00058	. . .	0,00116
6	0,00087	. . .	0,00087	. . .	0,00175
8	0,00116	. . .	0,00116	. . .	0,00233
10	0,00145	. . .	0,00145	. . .	0,00291
12	0,00175	. . .	0,00175	. . .	0,00349
14	0,00204	. . .	0,00204	. . .	0,00407
16	0,00233	. . .	0,00233	. . .	0,00465
18	0,00262	. . .	0,00262	. . .	0,00524
20	0,00291	. . .	0,00291	. . .	0,00582
22	0,00320	0,00001	0,00320	0,00001	0,00640
24	0,00349	0,00001	0,00349	0,00001	0,00698
26	0,00378	0,00001	0,00378	0,00001	0,00756
28	0,00407	0,00001	0,00407	0,00001	0,00814
30	0,00436	0,00001	0,00436	0,00001	0,00873
32	0,00465	0,00001	0,00465	0,00001	0,00931
34	0,00495	0,00001	0,00495	0,00001	0,00989
36	0,00524	0,00001	0,00524	0,00001	0,01047
38	0,00553	0,00002	0,00553	0,00002	0,01105
40	0,00582	0,00002	0,00582	0,00002	0,01164
42	0,00611	0,00002	0,00611	0,00002	0,01222
44	0,00640	0,00002	0,00640	0,00002	0,01280
46	0,00669	0,00002	0,00669	0,00002	0,01338
48	0,00698	0,00002	0,00698	0,00002	0,01396
50	0,00727	0,00003	0,00727	0,00003	0,01454
52	0,00756	0,00003	0,00756	0,00003	0,01513
54	0,00785	0,00003	0,00785	0,00003	0,01571
56	0,00815	0,00003	0,00814	0,00003	0,01629
58	0,00844	0,00004	0,00844	0,00004	0,01687
60	0,00873	0,00004	0,00873	0,00004	0,01745

$\alpha = 1°$

Minutos	Tangente AB $\operatorname{tg} \frac{\alpha}{2}$	Distancia al vértice BD $\sec \frac{\alpha}{2} - 1$	Abscisa AE y semicuerda AF $\operatorname{sen} \frac{\alpha}{2}$	Ordenada ED flecha DF $1 - \cos \frac{\alpha}{2}$	Longitud del arco ADC $\frac{\pi \alpha}{180}$
0	0,00873	0,00004	0,00873	0,00004	0,01745
2	0,00902	0,00004	0,00902	0,00004	0,01804
4	0,00931	0,00004	0,00931	0,00004	0,01862
6	0,00960	0,00005	0,00960	0,00005	0,01920
8	0,00989	0,00005	0,00989	0,00005	0,01978
10	0,01018	0,00005	0,01018	0,00005	0,02036
12	0,01047	0,00006	0,01047	0 00005	0,02094
14	0,01076	0,00006	0,01076	0,00006	0,02153
16	0,01105	0,00006	0,01105	0,00006	0,02211
18	0,01135	0,00006	0,01134	0,00006	0,02269
20	0,01164	0,00007	0,01164	0,00007	0,02327
22	0,01193	0,00007	0,01193	0,00007	0,02385
24	0,01222	0,00008	0,01222	0,00007	0,02443
26	0,01251	0,00008	0,01251	0,00008	0,02502
28	0,01280	0,00008	0,01280	0,00008	0,02560
30	0,01309	0,00009	0,01309	0,00009	0,02618
32	0,01338	0,00009	0,01338	0,00009	0,02676
34	0,01367	0,00009	0,01367	0,00009	0,02734
36	0,01396	0,00010	0,01396	0,00010	0,02793
38	0,01425	0,00010	0,01425	0,00010	0,02851
40	0,01455	0,00011	0,01454	0,00011	0,02909
42	0,01484	0,00011	0,01483	0,00011	0,02967
44	0,01513	0,00011	0,01513	0,00011	0,03025
46	0,01542	0,00012	0,01542	0,00012	0,03083
48	0,01571	0,00012	0,01571	0,00012	0,03142
50	0,01600	0,00013	0,01600	0,00013	0,03200
52	0,01629	0,00013	0,01629	0,00013	0,03258
54	0,01658	0,00014	0,01658	0,00014	0,03316
56	0,01687	0,00014	0,01687	0,00014	0,03374
58	0,01716	0,00015	0,01716	0,00015	0,03432
60	0,01746	0,00015	0,01745	0 00015	0,03491

$\alpha = 2^{\circ}$

Minutos	Tangente AB	Distancia al vértice BD	Abscisa AE y semicuerda AF	Ordenada ED flecha DF	Longitud del arco ADC
	$\operatorname{tg} \frac{\alpha}{2}$	$\sec \frac{\alpha}{2} - 1$	$\operatorname{sen} \frac{\alpha}{2}$	$1 - \cos \frac{\alpha}{2}$	$\frac{\pi \alpha}{180}$
0	0,01746	0,00015	0,01745	0,00015	0,03491
2	0,01775	0,00016	0,01774	0,00016	0,03549
4	0,01804	0,00016	0,01804	0,00016	0,03607
6	0,01833	0,00017	0,01832	0,00017	0,03665
8	0,01862	0,00017	0,01862	0,00017	0,03723
10	0,01891	0,00018	0,01891	0,00018	0,03782
12	0,01920	0,00018	0,01920	0,00018	0,03840
14	0,01949	0,00019	0,01949	0,00019	0,03898
16	0,01978	0,00020	0,01978	0,00020	0,03956
18	0,02007	0,00020	0,02007	0,00020	0,04014
20	0,02037	0,00021	0,02036	0,00021	0,04072
22	0,02066	0,00021	0,02065	0,00021	0,04131
24	0,02095	0,00022	0,02094	0,00022	0,04189
26	0,02124	0,00023	0,02123	0,00023	0,04247
28	0,02153	0,00023	0,02152	0,00023	0,04305
30	0,02182	0,00024	0,02181	0,00024	0,04363
32	0,02211	0,00024	0,02211	0,00024	0,04422
34	0,02240	0,00025	0,02240	0,00025	0,04480
36	0,02269	0,00026	0,02269	0,00026	0,04538
38	0,02298	0,00026	0,02298	0,00026	0,04596
40	0,02328	0,00027	0,02327	0,00027	0,04654
42	0,02357	0,00028	0,02356	0,00028	0,04712
44	0,02386	0,00028	0,02385	0,00028	0,04771
46	0,02415	0,00029	0,02414	0,00029	0,04829
48	0,02444	0,00030	0,02443	0,00030	0,04887
50	0,02473	0,00031	0,02472	0,00031	0,04945
52	0,02502	0,00031	0,02501	0,00031	0,05003
54	0,02531	0,00032	0,02530	0,00032	0,05061
56	0,02560	0,00033	0,02560	0,00033	0,05120
58	0,02589	0,00034	0,02589	0,00034	0,05178
60	0,02619	0,00034	0,02618	0,00034	0,05236

$\alpha = 3^o$

Minutos	Tangente *AB*	Distancia al vértice *BD*	Abscisa *AE* y semicuerda *AF*	Ordenada *ED* flecha *DF*	Longitud del arco *ADC*
	$\operatorname{tg} \frac{\alpha}{2}$	$\sec \frac{\alpha}{2} - 1$	$\operatorname{sen} \frac{\alpha}{2}$	$1 - \cos \frac{\alpha}{2}$	$\frac{\pi \alpha}{180}$
0	0,02619	0,00034	0,02618	0,00034	0,05236
2	0,02648	0,00035	0,02647	0,00035	0,05294
4	0,02677	0,00036	0,02676	0,00036	0,05352
6	0,02706	0,00037	0,02705	0,00037	0,05411
8	0,02735	0,00037	0,02734	0,00037	0,05469
10	0,02764	0,00038	0,02763	0,00038	0,05527
12	0,02793	0,00039	0,02792	0,00039	0,05585
14	0,02822	0,00040	0,02821	0,00040	0,05643
16	0,02851	0,00041	0,02850	0,00041	0,05701
18	0,02881	0,00041	0,02879	0,00041	0,05760
20	0,02910	0,00042	0,02908	0,00042	0,05818
22	0,02939	0,00043	0,02938	0,00043	0,05876
24	0,02968	0,00044	0,02967	0,00044	0,05934
26	0,02997	0,00045	0,02996	0,00045	0,05992
28	0,03026	0,00046	0,03025	0,00046	0,06050
30	0,03055	0,00047	0,03054	0,00047	0,06109
32	0,03084	0,00048	0,03083	0,00048	0,06167
34	0,03114	0,00048	0,03112	0,00048	0,06225
36	0,04143	0,00049	0,03141	0,00049	0,06283
38	0,03172	0,00050	0,03170	0,00050	0,06341
40	0,03201	0,00051	0,03199	0,00051	0,06400
42	0,03230	0,00052	0,03228	0,00052	0,06458
44	0,03259	0,00053	0,03257	0,00053	0,06516
46	0,03288	0,00054	0,03286	0,00054	0,06574
48	0,03317	0,00055	0,03316	0,00055	0,06632
50	0,03346	0,00056	0,03345	0,00056	0,06690
52	0,03376	0,00057	0,03374	0,00057	0,06749
54	0,03405	0,00058	0,03403	0,00058	0,06807
56	0,03434	0,00059	0,03432	0,00059	0,06865
58	0,03463	0,00060	0,03461	0,00060	0,06923
60	0,03493	0,00061	0,03490	0,00061	0,06981

$\alpha = 4^{\circ}$

Minutos	Tangente *AB*	Distancia al vértice *BD*	Abscisa *AE* y semi-cuerda *AF*	Ordenada *ED* flecha *DF*	Longitud del arco *ADC*
	$\operatorname{tg} \frac{\alpha}{2}$	$\sec \frac{\alpha}{2} - 1$	$\operatorname{sen} \frac{\alpha}{2}$	$1 - \cos \frac{\alpha}{2}$	$\frac{\pi \alpha}{180}$
0	0,03492	0,00061	0,03490	0,00061	0,06981
2	0,03521	0,00062	0,03519	0,00062	0,07040
4	0,03550	0,00063	0,03548	0,00063	0,07098
6	0,03579	0,00064	0,03577	0,00064	0,07156
8	0,03609	0,00065	0,03606	0,00065	0,07214
10	0,03638	0,00066	0,03635	0,00066	0,07272
12	0,03667	0,00067	0,03664	0,00067	0,07330
14	0,03696	0,00068	0,03693	0,00068	0,07389
16	0,03725	0,00069	0,03723	0,00069	0,07447
18	0,03754	0,00070	0,03652	0,00070	0,07505
20	0,03783	0,00072	0,03781	0,00071	0,07563
22	0,03812	0,00073	0,03810	0,00073	0,07621
24	0,03842	0,00074	0,03839	0,00074	0,07679
26	0,03871	0,00075	0,03868	0,00075	0,07738
28	0,03900	0,00076	0,03897	0,00076	0,07796
30	0,03929	0,00077	0,03926	0,00077	0,07854
32	0,03958	0,00078	0,03955	0,00078	0,07912
34	0,03987	0,00079	0,03984	0,00079	0,07970
36	0,04016	0,00081	0,04013	0,00081	0,08029
38	0,04046	0,00082	0,04042	0,00082	0,08087
40	0,04075	0,00083	0,04071	0,00083	0,08145
42	0,04104	0,00084	0,04100	0,00084	0,08203
44	0,04133	0,00085	0,04129	0,00085	0,08261
46	0,04162	0,00087	0,04159	0,00087	0,08319
48	0,04191	0,00088	0,04188	0,00088	0,08378
50	0,04220	0,00089	0,04217	00,0089	0,08436
52	0,04250	0,00090	0,04246	0,00090	0,08494
54	0,04279	0,00091	0,04275	0,00091	0,08552
56	0,04308	0,00093	0,04304	0,00093	0,08610
58	0,04337	0,00094	0,04333	0,00094	0,08668
60	0,04366	0,00095	0,04362	0,00095	0,08727

$\alpha = 5^o$

Minutos	Tangente *AB*	Distancia al vértice *BD*	Abscisa *AE* y semicuerda *AF*	Ordenada *ED* flecha *DF*	Longitud del arco *ADC*
	$\text{tg}\ \frac{\alpha}{2}$	$\sec\frac{\alpha}{2} - 1$	$\text{sen}\ \frac{\alpha}{2}$	$1 - \cos\frac{\alpha}{2}$	$\frac{\pi\,\alpha}{180}$
0	0,04366	0,00095	0,04362	0,00095	0,08727
2	0,04395	0,00096	0,04391	0,00096	0,08785
4	0,04424	0,00098	0,04420	0,00098	0,08843
6	0,04454	0,00099	0,04449	0,00099	0,08901
8	0,04483	0,00100	0,04478	0,00100	0,08959
10	0,04512	0,00102	0,04507	0,00102	0,09018
12	0,04541	0,00103	0,04536	0,00103	0,09076
14	0,04570	0,00104	0,04565	0,00104	0,09134
16	0,04599	0,00106	0,04594	0,00106	0,09192
18	0,04628	0,00107	0,04623	0,00107	0,09250
20	0,04658	0,00108	0,04653	0,00108	0,09308
22	0,04687	0,00110	0,04682	0,00110	0,09367
24	0,04716	0,00111	0,04711	0,00111	0,09425
26	0,04745	0,00113	0,04740	0,00112	0,09483
28	0,04774	0,00114	0,04769	0,00114	0,09541
30	0,04803	0,00115	0,04798	0,00115	0,09599
32	0,04833	0,00117	0,04827	0,00117	0,09657
34	0,04862	0,00118	0,04856	0,00118	0,09716
36	0,04891	0,00120	0,04885	0,00119	0,09774
38	0,04920	0,00121	0,04914	0,00121	0,09832
40	0,04949	0,00122	0,04943	0,00122	0,09890
42	0,04978	0,00124	0,04972	0,00124	0,09948
44	0,05008	0,00125	0,05001	0,00125	0,10007
46	0,05037	0,00127	0,05030	0,00127	0,10065
48	0,05066	0,00128	0,05059	0,00128	0,10123
50	0,05095	0,00130	0,05088	0,00130	0,10181
52	0,05124	0,00131	0,05117	0,00131	0,10239
54	0,05153	0,00133	0,05146	0,00133	0,10297
56	0,05182	0,00134	0,05175	0,00134	0,10356
58	0,05212	0,00136	0,05205	0,00136	0,10414
60	0,05241	0,00137	0,05234	0,00137	0,10472

$\alpha = 6^{\circ}$

Minutos	Tangente AB	Distancia al vértice BD	Abscisa AE y semicuerda AF	Ordenada ED flecha DF	Longitud del arco ADC
	$\operatorname{tg} \frac{\alpha}{2}$	$\sec \frac{\alpha}{2} - 1$	$\operatorname{sen} \frac{\alpha}{2}$	$1 - \cos \frac{\alpha}{2}$	$\frac{\pi \alpha}{180}$
0	0,05241	0,00137	0,05234	0,00137	0,10472
2	0,05270	0,00139	0,05263	0,00139	0,10530
4	0,05299	0,00140	0,05292	0,00140	0,10588
6	0,05328	0,00142	0,05321	0,00142	0,10647
8	0,05357	0,00143	0,05350	0,00143	0,10705
10	0,05387	0,00145	0,05379	0,00145	0,10763
12	0,05416	0,00147	0,05408	0,00146	0,10821
14	0,05445	0,00148	0,05437	0,00148	0,10879
16	0,05474	0,00150	0,05466	0,00149	0,10937
18	0,05503	0,00151	0,05495	0,00151	0,10996
20	0,05533	0,00153	0,05524	0,00153	0,11054
22	0,05562	0,00155	0,05553	0,00154	0,11112
24	0,05591	0,00156	0,05582	0,00156	0,11170
26	0,05620	0,00158	0,05611	0,00158	0,11228
28	0,95649	0,00159	0,05640	0,00159	0,11286
30	0,05678	0,00161	0,05669	0,00161	0,11345
32	0,05708	0,00163	0,05698	0,00162	0,11403
34	0,05737	0,00164	0,05727	0,00164	0,11461
36	0,05766	0,00166	0,05756	0,00166	0,11519
38	0,05795	0,00168	0,05785	0,00167	0,11577
40	0,05824	0,00169	0,05814	0,00169	0,11636
42	0,05854	0,00171	0,05844	0,00171	0,11694
44	0,05883	0,00173	0,05873	0,00173	0,11752
46	0,05912	0,00175	0,05902	0,00174	0,11810
48	0,05941	0,00176	0,05931	0,00176	0,11868
50	0,05970	0,00178	0,05960	0,00178	0,11926
52	0,05999	0,00180	0,05989	0,00179	0,11985
54	0,06029	0,00182	0,06018	0,00181	0,12043
56	0,06058	0,00183	0,06047	0,00183	0,12101
58	0,06087	0,00185	0,06076	0,00185	0,12159
60	0,06116	0,00187	0,06105	0,00187	0,12217

$\alpha = 7^{\circ}$

Minutos	Tangente AB	Distancia al vértice BD	Abscisa AE y semicuerda AF	Ordenada ED flecha DF	Longitud del arco ADC
	$\operatorname{tg} \frac{\alpha}{2}$	$\sec \frac{\alpha}{2} - 1$	$\operatorname{sen} \frac{\alpha}{2}$	$1 - \cos \frac{\alpha}{2}$	$\frac{\pi \alpha}{180}$
0	0,06116	0,00187	0,06105	0,00187	0,12217
2	0,06145	0,00189	0,00134	0,00188	0,12275
4	0,06175	0,00190	0,06163	0,00190	0,12334
6	0,06204	0,00192	0,06192	0,00192	0,12392
8	0,06233	0,00194	0,06221	0,00194	0,12450
10	0,06262	0,00196	0,06250	0,00195	0,12508
12	0,06291	0,00198	0,06279	0,00197	0,12566
14	0,06321	0,00200	0,06308	0,00199	0,12625
16	0,06350	0,00201	0,06337	0,00201	0,12683
18	0,06379	0,00203	0,06366	0,00203	0,12741
20	0,06408	0,00205	0,06395	0,00205	0,12799
22	0,06438	0,00207	0,06424	0,00207	0,12857
24	0,06467	0,00209	0,06453	0,00208	0,12915
26	0,06496	0,00211	0,06482	0,00210	0,12974
28	0,06525	0,00213	0,06511	0,00212	0,13032
30	0,06554	0,00215	0,06540	0,00214	0,13090
32	0,06584	0,00216	0,06569	0,00216	0,13148
34	0,06613	0,00218	0,06598	0,00218	0,13206
36	0,06642	0,00220	0,06627	0,00220	0,13265
38	0,06671	0,00222	0,06656	0,00222	0,13323
40	0,06700	0,00224	0,06685	0,00224	0,13381
42	0,06730	0,00226	0,06714	0,00226	0,13439
44	0,06759	0,00228	0,06743	0,00228	0,13497
46	0,06788	0,00230	0,06773	0,00230	0,13555
48	0,06817	0,00232	0,06802	0,00232	0,13614
50	0,06847	0,00234	0,06831	0,00234	0,13672
52	0,06876	0,00236	0,06860	0,00236	0,13730
54	0,06905	0,00238	0,06889	0,00238	0,13788
56	0,06934	0,00240	0,06918	0,00240	0,13846
58	0,06963	0,00242	0,06947	0,00242	0,13904
60	0,06993	0,00244	0,06976	0,00244	0,13963

$\alpha = 8^\circ$

Minutos	Tangente AB $\operatorname{tg} \frac{\alpha}{2}$	Distancia al vértice BD $\sec \frac{\alpha}{2} - 1$	Abscisa AE y semicuerda AF $\operatorname{sen} \frac{\alpha}{2}$	Ordenada ED flecha DF $1 - \cos \frac{\alpha}{2}$	Longitud del arco ADC $\frac{\pi \alpha}{180}$
0	0,06993	0,00244	0,06976	0,00244	0,13963
2	0,07022	0,00246	0,07005	0,00246	0,14021
4	0,07051	0,00248	0,07034	0,00248	0,14079
6	0,07080	0,00250	0,07063	0,00250	0,14137
8	0,07110	0,00252	0,07092	0,00252	0,14195
10	0,07139	0,00254	0,07121	0,00254	0,14254
12	0,07168	0,00257	0,07150	0,00256	0,14312
14	0,07197	0,00259	0,07179	0,00258	0,14370
16	0,07227	0,00261	0,07208	0,00260	0,14428
18	0,07256	0,00263	0,07237	0,00262	0,14486
20	0,07285	0,00265	0,07266	0,00264	0,14544
22	0,07314	0,00267	0,07295	0,00266	0,14603
24	0,07344	0,00269	0,07324	0,00269	0,14661
26	0,07373	0,00271	0,07353	0,00271	0,14719
28	0,07402	0,00274	0,07382	0,00273	0,14777
30	0,07431	0,00276	0,07411	0,00275	0,14835
32	0,07461	0,00278	0,07440	0,00277	0,14893
34	0,07490	0,00280	0,07469	0,00279	0,14952
36	0,07519	0,00282	0,07498	0,00281	0,15010
38	0,07548	0,00285	0,07527	0,00284	0,15068
40	0,07578	0,00287	0,07556	0,00286	0,15126
42	0,07607	0,00289	0,07585	0,00288	0,15184
44	0,07636	0,00291	0,07614	0,00290	0,15243
46	0,07665	0,00293	0,07643	0,00292	0,15301
48	0,07695	0,00296	0,07672	0,00295	0,15359
50	0,07724	0,00298	0,07701	0,00297	0,15417
52	0,07753	0,00300	0,07730	0,00299	0,15475
54	0,07782	0,00302	0,07759	0,00301	0,15533
56	0,07812	0,00305	0,07788	0,00304	0,15592
58	0,07841	0,00307	0,07817	0,00306	0,15650
60	0,07870	0,00309	0,07846	0,00308	0,15708

$\alpha = 9°$

Minutos	Tangente AB $\operatorname{tg} \frac{\alpha}{2}$	Distancia al vértice BD $\sec \frac{\alpha}{2} - 1$	Abscisa AE y semicuerda AF $\operatorname{sen} \frac{\alpha}{2}$	Ordenada ED flecha DF $1 - \cos \frac{\alpha}{2}$	Longitud del arco ADC $\frac{\pi \alpha}{180}$
0	0,07870	0,00309	0,07846	0,00308	0,15708
2	0,07899	0,00312	0,07875	0,00311	0,15766
4	0,07929	0,00314	0,07904	0,00313	0,15824
6	0,07958	0,00316	0,07963	0,00315	0,15883
8	0,07987	0,00319	0,07962	0,00317	0,15941
10	0,08017	0,00321	0,07991	0,00320	0,15999
12	0,08046	0,00323	0,08020	0,00322	0,16057
14	0,08075	0,00325	0,08049	0,00324	0,16115
16	0,08104	0,00328	0,08078	0,00327	0,16173
18	0,08134	0,00330	0,08107	0,00329	0,16232
20	0,08163	0,00333	0,08136	0,00331	0,16290
22	0,08192	0,00335	0,08165	0,00334	0,16348
24	0,08222	0,00337	0,08194	0,00336	0,16406
26	0,08251	0,00340	0,08223	0,00339	0,16464
28	0,08280	0,00342	0,08252	0,00341	0,16522
30	0,08309	0,00345	0,08281	0,00343	0,16581
32	0,08339	0,00347	0,08310	0,00346	0,16639
34	0,08368	0,00349	0,08339	0,00348	0,16697
36	0,08397	0,00352	0,08368	0,00351	0,16755
38	0,08427	0,00354	0,08397	0,00353	0,16813
40	0,08456	0,00357	0,08426	0,00356	0,16872
42	0,08485	0,00359	0,08455	0,00358	0,16930
44	0,08514	0,00362	0,08484	0,00361	0,16988
46	0,08544	0,00364	0,08513	0,00363	0,17046
48	0,08573	0,00367	0,08542	0,00365	0,17104
50	0,08602	0,00369	0,08571	0,00368	0,17162
52	0,08632	0,00372	0,08600	0,00370	0,17221
54	0,08661	0,00374	0,08629	0,00373	0,17279
56	0,08690	0,00377	0,08658	0,00375	0,17337
58	0,08720	0,00379	0,08687	0,00378	0,17395
60	0,08749	0,00382	0,08716	0,00381	0,17453

Minutos	Tangente AB	Distancia al vértice BD	Abscisa AE y semi-cuerda AF	Ordenada ED flecha DF	Longitud del arco ADC
	$\operatorname{tg} \frac{\alpha}{2}$	$\sec \frac{\alpha}{2} - 1$	$\operatorname{sen} \frac{\alpha}{2}$	$1 - \cos \frac{\alpha}{2}$	$\frac{\pi \alpha}{180}$
	$\alpha = 10°$				
0	0,08749	0,00382	0,08716	0,00381	0,17453
2	0,08778	0,00385	0,08745	0,00383	0,17511
4	0,08807	0,00387	0,08774	0,00386	0,17570
6	0,08837	0,00390	0,08803	0,00388	0,17628
8	0,08866	0,00392	0,08831	0,00391	0,17686
10	0,08895	0,00395	0,08860	0,00393	0,17744
12	0,08925	0,00397	0,08889	0,00396	0,17802
14	0,08954	0,00400	0,08918	0,00398	0,17861
16	0,08983	0,00403	0,08947	0,00401	0,17919
18	0,09013	0,00405	0,08976	0,00404	0,17977
20	0,09042	0,00408	0,09005	0,00406	0,18035
22	0,09071	0,00411	0,09034	0,00409	0,18093
24	0,09101	0,00413	0,09063	0,00412	0,18151
26	0,09130	0,00416	0,09092	0,00414	0,18210
28	0,09159	0,00419	0,09121	0,00417	0,18268
30	0,09189	0,00421	0,09150	0,00419	0,18326
32	0,09218	0,00424	0,09179	0,00422	0,18384
34	0,09247	0,00427	0,09208	0,00425	0,18442
36	0,09277	0,00429	0,09237	0,00428	0,18500
38	0,09306	0,00432	0,09266	0,00430	0,18559
40	0,09335	0,00435	0,09295	0,00433	0,18617
42	0,09365	0,00438	0,09324	0,00436	0,18675
44	0,09394	0,00440	0,09353	0,00438	0,18733
46	0,09423	0,00443	0,09382	0,00441	0,18791
48	0,09453	0,00446	0,09411	0,00444	0,18850
50	0,09482	0,00449	0,09440	0,00447	0,18908
52	0,09511	0,00451	0,09469	0,00449	0,18966
54	0,09541	0,00454	0,09498	0,00452	0,19024
56	0,09570	0,00457	0,09527	0,00455	0,19082
58	0,09600	0,00460	0,09556	0,00458	0,19140
60	0,09629	0,00463	0,09585	0,00460	0,19199

$\alpha = 11°$

Minutos	Tangente *AB*	Distancia al vértice *BD*	Abscisa *AE* y semicuerda *AF*	Ordenada *ED* flecha *DF*	Longitud del arco *ADC*
	$\operatorname{tg}\frac{\alpha}{2}$	$\sec\frac{\alpha}{2} - 1$	$\operatorname{sen}\frac{\alpha}{2}$	$1 - \cos\frac{\alpha}{2}$	$\frac{\pi\alpha}{180}$
0	0,09629	0,00463	0,09585	0,00460	0,19190
2	0,09658	0,00465	0,09614	0,00463	0,19257
4	0,09688	0,00468	0,09642	0,00466	0,19315
6	0,09717	0,00471	0,09671	0,00469	0,19373
8	0,09746	0,00474	0,09700	0,00472	0,19431
10	0,09776	0,00477	0,09729	0,00474	0,19490
12	0,09805	0,00480	0,09758	0,00477	0,19548
14	0,09834	0,00482	0,09787	0,00480	0,19606
16	0,09864	0,00485	0,09816	0,00483	0,19664
18	0,09893	0,00488	0,09845	0,00486	0,19722
20	0,09923	0,00491	0,09874	0,00489	0,19780
22	0,09952	0,00494	0,09903	0,00492	0,19839
24	0,09981	0,00497	0,09932	0,00494	0,19897
26	0,10011	0,00500	0,09961	0,00497	0,19955
28	0,10040	0,00503	0,09990	0,00500	0,20013
30	0,10069	0,00506	0,10019	0,00503	0,20071
32	0,10099	0,00509	0,10048	0,00506	0,20129
34	0,10128	0,00512	0,10077	0,00509	0,20188
36	0,10158	0,00515	0,10106	0,00512	0,20246
38	0,10187	0,00518	0,10135	0,00515	0,20304
40	0,10216	0,00521	0,10164	0,00518	0,20362
42	0,10246	0,00524	0,10192	0,00521	0,20420
44	0,10275	0,00527	0,10221	0,00524	0,20479
46	0,10305	0,00529	0,10250	0,00527	0,20537
48	0,10334	0,00533	0,10279	0,00530	0,20595
50	0,10363	0,00536	0,10308	0,00533	0,20653
52	0,10393	0,00539	0,10337	0,00536	0,20711
54	0,10422	0,00542	0,10366	0,00539	0,20769
56	0,10452	0,00545	0,10395	0,00542	0,20828
58	0,10481	0,00548	0,10424	0,00545	0,20886
60	0,10510	0,00551	0,10453	0,00548	0,20944

$\alpha = 12°$

Minutos	Tangente AB	Distancia al vértice BD	Abscisa AE y semicuerda AF	Ordenada ED flecha DF	Longitud del arco ADC
	$\operatorname{tg} \frac{\alpha}{2}$	$\sec \frac{\alpha}{2} - 1$	$\operatorname{sen} \frac{\alpha}{2}$	$1 - \cos \frac{\alpha}{2}$	$\frac{\pi \alpha}{180}$
0	0,10510	0,00551	0,10453	0,00548	0,20944
2	0,10540	0,00554	0,10482	0,00551	0,21002
4	0,10569	0,00557	0,10511	0,00554	0,21060
6	0,10599	0,00560	0,10540	0,00557	0,21119
8	0,10628	0,00563	0,10569	0,00560	0,21177
10	0,10658	0,00566	0,10597	0,00563	0,21235
12	0,10687	0,00569	0,10626	0,00566	0,21293
14	0,10716	0,00573	0,10655	0,00569	0,21351
16	0,10746	0,00576	0,10684	0,00572	0,21409
18	0,10775	0,00579	0,10713	0,00576	0,21468
20	0,10805	0,00582	0,10742	0,00579	0,21526
22	0,10834	0,00585	0,10771	0,00582	0,21584
24	0,10863	0,00588	0,10800	0,00585	0,21642
26	0,10893	0,00591	0,10829	0,00588	0,21700
28	0,10922	0,00595	0,10858	0,00591	0,21758
30	0,10952	0,00598	0,10887	0,00594	0,21817
32	0,10981	0,00601	0,10916	0,00598	0,21875
34	0,11011	0,00604	0,10944	0,00601	0,21933
36	0,11040	0,00608	0,10973	0,00604	0,21991
38	0,11070	0,00611	0,11002	0,00607	0,22049
40	0,11099	0,00614	0,11031	0,00610	0,22108
42	0,11128	0,00617	0,11060	0,00614	0,22166
44	0,11158	0,00621	0,11089	0,00617	0,22224
46	0,11187	0,00624	0,11118	0,00620	0,22282
48	0,11217	0,00627	0,11147	0,00623	0,22340
50	0,11246	0,00630	0,11176	0,00626	0,22398
52	0,11276	0,00634	0,11205	0,00630	0,22457
54	0,11305	0,00637	0,11234	0,00633	0,22515
56	0,11335	0,00640	0,11263	0,00636	0,22573
58	0,11364	0,00644	0,11291	0,00640	0,22631
60	0,11394	0,00647	0,11320	0,00643	0,22689

$\alpha = 13^\circ$

Minutos	Tangente *AB*	Distancia al vértice *BD*	Abscisa *AE* y semicuerda *AF*	Ordenada *ED* flecha *DF*	Longitud del arco *ADC*
	$\operatorname{tg} \frac{\alpha}{2}$	$\sec \frac{\alpha}{2} - 1$	$\operatorname{sen} \frac{\alpha}{2}$	$1 - \cos \frac{\alpha}{2}$	$\frac{\pi \alpha}{180}$
0	0,11394	0,00647	0,11320	0,00643	0,22689
2	0,11423	0,00650	0,11349	0,00646	0,22747
4	0,11453	0,00654	0,11378	0,00649	0,22806
6	0,11482	0,00657	0,11407	0,00653	0,22864
8	0,11511	0,00660	0,11436	0,00656	0,22922
10	0,11541	0,00664	0,11465	0,00659	0,22980
12	0,11570	0,00667	0,11494	0,00663	0,23038
14	0,11600	0,00671	0,11523	0,00666	0,23097
16	0 11629	0,00674	0,11552	0,00669	0,23155
18	0,11659	0,00677	0,11580	0,00673	0,23213
20	0,11688	0,00681	0,11609	0,00676	0,23271
22	0,11718	0,00684	0,11638	0,00680	0,23329
24	0,11747	0,00688	0,11667	0,00683	0,23387
26	0,11777	0,00691	0,11696	0,00686	0,23446
28	0,11806	0,00694	0,11725	0,00690	0,23504
30	0,11836	0,00698	0,11754	0,00693	0,23562
32	0,11865	0,00701	0,11783	0,00697	0,23620
34	0 11895	0,00705	0,11812	0,00700	0,23678
36	0,11924	0,00708	0,11840	0,00703	0,23736
38	0,11954	0,00712	0,11869	0,00707	0,23795
40	0,11983	0,00715	0,11898	0,00710	0,23853
42	0,12013	0,00719	0,11927	0,00714	0,23911
44	0,12042	0,00722	0,11956	0,00717	0,23969
46	0,12072	0,00726	0,11985	0,00721	0,24027
48	0,12101	0,00730	0,12014	0,00724	0,24086
50	0,12131	0,00733	0,12043	0,00728	0,24144
52	0,12160	0,00737	0,12071	0,00731	0,24202
54	0,12190	0,00740	0,12100	0,00735	0,24260
56	0,12219	0,00744	0,12129	0,00738	0,24318
58	0,12249	0,00747	0,12158	0,00742	0,24376
60	0,12278	0,00751	0,12187	0,00745	0,24435

$\alpha = 14°$

Minutos	Tangente *AB*	Distancia al vértice *BD*	Abscisa *AE* y semicuerda *AF*	Ordenada *ED* flecha *DF*	Longitud del arco *ADC*
	$\operatorname{tg} \frac{\alpha}{2}$	$\sec \frac{\alpha}{2} - 1$	$\operatorname{sen} \frac{\alpha}{2}$	$1 - \cos \frac{\alpha}{2}$	$\frac{\pi \alpha}{180}$
0	0,12278	0,00751	0,12187	0,00745	0,24435
2	0,12308	0,00755	0,12216	0,00749	0,24493
4	0,12338	0,00758	0,12245	0,00752	0,24551
6	0,12367	0,00762	0,12274	0,00756	0,24609
8	0,12397	0,00765	0,12302	0,00760	0,24667
10	0,12426	0,00769	0,12331	0,00763	0,24725
12	0,12456	0,00773	0,12360	0,00767	0,24784
14	0,12485	0,00776	0,12389	0,00770	0,24842
16	0,12515	0,00780	0,12418	0,00774	0,24900
18	0,12544	0,00784	0,12447	0,00778	0,24958
20	0,12574	0,00787	0,12476	0,00781	0,25016
22	0,12603	0,00791	0,12504	0,00785	0,25075
24	0,12633	0,00795	0,12533	0,00789	0,25133
26	0,12662	0,00798	0,12562	0,00792	0,25191
28	0,12692	0,00802	0,12591	0,00796	0,25249
30	0,12722	0,00806	0,12620	0,00800	0,25307
32	0,12751	0,00810	0,12649	0,00803	0,25365
34	0,12781	0,00813	0,12678	0,00807	0,25424
36	0,12810	0,00817	0,12706	0,00811	0,25482
38	0,12840	0,00821	0,12735	0,00814	0,25540
40	0,12869	0,00825	0,12764	0,00818	0,25598
42	0,12899	0,00829	0,12793	0,00822	0,25656
44	0,12929	0,00832	0,12822	0,00825	0,25715
46	0,12958	0,00836	0,12851	0,00829	0,25773
48	0,12988	0,00840	0,12880	0,00833	0,25831
50	0,13017	0,00844	0,12908	0,00837	0,25889
52	0,13047	0,00848	0,12937	0,00840	0,25947
54	0,13076	0,00851	0,12966	0,00844	0,26005
56	0,13106	0,00855	0,12995	0,00848	0,26064
58	0,13136	0,00859	0,13024	0,00852	0,26122
60	0,13165	0,00863	0,13053	0,00855	0,26180

$\alpha = 15^{\circ}$

Minutos	Tangente AB	Distancia al vértice BD	Abscisa AE y semicuerda AF	Ordenada ED flecha DF	Longitud del arco ADC
	$\operatorname{tg} \frac{\alpha}{2}$	$\sec \frac{\alpha}{2} - 1$	$\operatorname{sen} \frac{\alpha}{2}$	$1 - \cos \frac{\alpha}{2}$	$\frac{\pi \alpha}{180}$
0	0,13165	0,00863	0,13053	0,00855	0,26180
2	0,13195	0,00867	0,13081	0,00859	0,26238
4	0,13224	0,00871	0,13110	0,00863	0,26296
6	0,13254	0,00874	0,13139	0,00867	0,26354
8	0,13284	0,00878	0,13168	0,00871	0,26413
10	0,13313	0,00882	0,13197	0,00875	0,26471
12	0,13343	0,00886	0,13226	0,00878	0,26529
14	0,13372	0,00890	0,13254	0,00882	0,26587
16	0,13402	0,00894	0,13283	0,00886	0,26645
18	0,13432	0,00898	0,13312	0,00890	0,26704
20	0,13461	0,00902	0,13341	0,00894	0,26762
22	0,13491	0,00906	0,13370	0,00898	0,26820
24	0,13521	0,00910	0,13399	0,00902	0,26878
26	0,13550	0,00914	0,13427	0,00906	0,26936
28	0,13580	0,00918	0,13456	0,00909	0,26994
30	0,13609	0,00922	0,13485	0,00913	0,27053
32	0,13639	0,00926	0,13514	0,00917	0,27111
34	0,13669	0,00930	0,13543	0,00921	0,27169
36	0,13698	0,00934	0,13572	0,00925	0,27227
38	0,13728	0,00938	0,13600	0,00929	0,27285
40	0,13758	0,00942	0,13629	0,00933	0,27343
42	0,13787	0,00946	0,13658	0,00937	0,27402
44	0,13817	0,00950	0,13687	0,00941	0,27460
46	0,13847	0,00954	0,13716	0,00945	0,27518
48	0,13876	0,00958	0,13744	0,00949	0,27576
50	0,13906	0,00962	0,13773	0,00953	0,27634
52	0,13935	0,00966	0,13802	0,00957	0,27693
54	0,13965	0,00970	0,13831	0,00961	0,27751
56	0,13995	0,00975	0,13860	0,00965	0,27809
58	0,14024	0,00979	0,13889	0,00969	0,27867
60	0,14054	0,00983	0,13917	0,00973	0,27925

$\alpha = 16^{o}$

Minutos	Tangente *AB*	Distancia al vértice *BD*	Abscisa *AE* y semicuerda *AF*	Ordenada *ED* flecha *DF*	Longitud del arco *ADC*
	$tg \frac{\alpha}{2}$	$sec \frac{\alpha}{2} - 1$	$sen \frac{\alpha}{2}$	$1 - cos \frac{\alpha}{2}$	$\frac{\pi \alpha}{180}$
0	0,14054	0,00983	0,13917	0,00973	0,27925
2	0,14084	0,00987	0,13946	0,00977	0,27983
4	0,14113	0,00991	0,13975	0,00981	0,28042
6	0,14143	0,00995	0,14004	0,00985	0,28100
8	0,14173	0,00999	0,14033	0,00989	0,28158
10	0,14202	0,01003	0,14061	0,00995	0,28216
12	0,14232	0,01008	0,14090	0,00998	0,28274
14	0,14262	0,01012	0,14119	0,01002	0,28333
16	0,14291	0,01016	0,14148	0,01006	0,28391
18	0,14321	0,01020	0,14177	0,01010	0,28449
20	0,14351	0,01024	0,14205	0,01014	0,28507
22	0,14381	0,01029	0,14234	0,01018	0,28565
24	0,14410	0,01033	0,14263	0,01022	0,28623
26	0,14440	0,01037	0,14292	0,01027	0,28682
28	0,14470	0,01041	0,14320	0,01031	0,28740
30	0,14499	0,01046	0,14349	0,01035	0,28798
32	0,14529	0,01050	0,14378	0,01039	0,28856
34	0,14559	0,01054	0,14407	0,01043	0,28914
36	0,14588	0,01058	0,14436	0,01047	0,28972
38	0,14618	0,01063	0,14464	0,01052	0,29031
40	0,14648	0,01067	0,14493	0,01056	0,29089
42	0,14678	0,01071	0,14522	0,01060	0,29147
44	0,14707	0,01076	0,14551	0,01064	0,29205
46	0,14737	0,01080	0,14580	0,01069	0,29263
48	0,14767	0,01084	0,14608	0,01073	0,29322
50	0,14796	0,01089	0,14637	0,01077	0,29380
52	0,14826	0,01093	0,14666	0,01081	0,29438
54	0,14856	0,01097	0,14695	0,01086	0,29496
56	0,14886	0,01102	0,14723	0,01090	0,29554
58	0,14915	0,01106	0,14752	0,01094	0,29612
60	0,14945	0,01111	0,14781	0,01098	0,29671

$\alpha = 17^{\circ}$

Minutos	Tangente *AB*	Distancia al vértice *BD*	Abscisa *AE* y semi-cuerda *AF*	Ordenada *ED* flecha *DF*	Longitud del arco *ADC*
	$\operatorname{tg} \frac{\alpha}{2}$	$\sec \frac{\alpha}{2} - 1$	$\operatorname{sen} \frac{\alpha}{2}$	$1 - \cos \frac{\alpha}{2}$	$\frac{\pi \alpha}{180}$
0	0,14945	0,01111	0,14781	0,01098	0,29671
2	0,14975	0,01115	0,14810	0,01103	0,29729
4	0,15005	0,01119	0,14838	0,01107	0,29787
6	0,15034	0,01124	0,14867	0,01111	0,29845
8	0,15064	0,01128	0,14896	0,01116	0,29903
10	0,15094	0,01133	0,14925	0,01120	0,29961
12	0,15124	0,01137	0,14954	0,01124	0,30020
14	0,15153	0,01142	0,14982	0,01129	0,30078
16	0,15183	0,01146	0,15011	0,01133	0,30136
18	0,15213	0,01151	0,15040	0,01137	0,30194
20	0,15243	0,01155	0,15069	0,01142	0,30252
22	0,15272	0,01159	0,15097	0,01146	0,30311
24	0,15302	0,01164	0,15126	0,01151	0,30369
26	0,15332	0,01168	0,15155	0,01155	0,30427
28	0,15362	0,01173	0,15184	0,01159	0,30485
30	0,15391	0,01178	0,15212	0,01164	0,30543
32	0,15421	0,01182	0,15241	0,01168	0,30601
34	0,15451	0,01187	0,15270	0,01173	0,30660
36	0,15481	0,01191	0,15299	0,01177	0,30718
38	0,15511	0,01196	0,15327	0,01182	0,30776
40	0,15540	0,01200	0,15356	0,01186	0,30834
42	0,15570	0,01205	0,15385	0,01191	0,30892
44	0,15600	0,01209	0,15414	0,01195	0,30951
46	0,15630	0,01214	0,15442	0,01199	0,31009
48	0,15660	0,01219	0,15471	0,01204	0,31067
50	0,15689	0,01223	0,15500	0,01209	0,31125
52	0,15719	0,01228	0,15529	0,01213	0,31183
54	0,15749	0,01233	0,15557	0,01218	0,31241
56	0,15779	0,01237	0,15586	0,01222	0,31300
58	0,15809	0,01242	0,15615	0,01227	0,31358
60	0,15838	0,01246	0,15643	0,01231	0,31416

$\alpha = 18^\circ$

Minutos	Tangente AB	Distancia al vértice BD	Abscisa AE y semicuerda AF	Ordenada ED flecha DF	Longitud del arco ADC
	$\operatorname{tg} \frac{\alpha}{2}$	$\sec \frac{\alpha}{2} - 1$	$\operatorname{sen} \frac{\alpha}{2}$	$1 - \cos \frac{\alpha}{2}$	$\frac{\pi \alpha}{180}$
0	0,15838	0,01246	0,15643	0,01231	0,31416
2	0,15868	0,01251	0,15672	0,01236	0,31474
4	0,15898	0,01256	0,15701	0,01240	0,31532
6	0,15928	0,01260	0,05730	0,01245	0,31590
8	0,15958	0,01265	0,15758	0,01249	0,31649
10	0,15988	0,01270	0,15787	0,01254	0,31707
12	0,16017	0,01275	0,15816	0,01259	0,31765
14	0,16047	0,01279	0,15845	0,01263	0,31823
16	0,16077	0,01284	0,15873	0,01268	0,31881
18	0,16107	0,01289	0,15902	0,01272	0,31940
20	0,16137	0,01294	0,15931	0,01277	0,31998
22	0,16167	0,01298	0,15959	0,01282	0,32056
24	0,16196	0,01303	0,15988	0,01286	0,32114
26	0,16226	0,01308	0,16017	0,01291	0,32172
28	0,16256	0,01313	0,16046	0,01296	0,32230
30	0,16286	0,01317	0,16074	0,01300	0,32289
32	0,16316	0,01322	0,16103	0,01305	0,32347
34	0,16346	0,01327	0,16132	0,01310	0,32405
36	0,16376	0,01332	0,16160	0,01314	0,32463
38	0,16406	0,01337	0,16189	0,01319	0,32521
40	0,16435	0,01342	0,16218	0,01324	0,32579
42	0,16465	0,01346	0,16246	0,01329	0,32638
44	0,16495	0,01351	0,16275	0,01333	0,32696
46	0,16525	0,01356	0,16304	0,01338	0,32754
48	0,16555	0,01361	0,16333	0,01343	0,32812
50	0,16585	0,01366	0,16361	0,01348	0,32870
52	0,16615	0,01371	0,16390	0,01352	0,32929
54	0,16645	0,01376	0,16419	0,01357	0,32987
56	0,16674	0,01381	0,16447	0,01362	0,33045
58	0,16704	0,01386	0,16476	0,01367	0,33103
60	0,16734	0,01390	0,16505	0,01371	0,33161

$\alpha = 19^o$

Minutos	Tangente *AB*	Distancia al vértice *BD*	Abscisa *AE* y semicuerda *AF*	Ordenada *ED* flecha *DF*	Longitud del arco *ADC*
	$\operatorname{tg} \frac{\alpha}{2}$	$\sec \frac{\alpha}{2} - 1$	$\operatorname{sen} \frac{\alpha}{2}$	$1 - \cos \frac{\alpha}{2}$	$\frac{\pi \alpha}{180}$
0	0,16734	0,01390	0,16505	0,01371	0,33161
2	0,16764	0,01395	0,16533	0,01376	0,33219
4	0,16794	0,01400	0,16562	0,01381	0,33278
6	0,16824	0,01405	0,16591	0,01386	0,33336
8	0,16854	0,01410	0,16620	0,01391	0,33394
10	0,16884	0,01415	0,16648	0,01396	0,33452
12	0,16914	0,01420	0,16677	0,01400	0,33510
14	0,16944	0,01425	0,16706	0,01405	0,33569
16	0,16974	0,01430	0,16734	0,01410	0,33627
18	0,17004	0,01435	0,16763	0,01415	0,33685
20	0,17033	0,01440	0,16792	0,01420	0,33743
22	0,17063	0,01445	0,16820	0,01425	0,33801
24	0,17093	0,01450	0,16849	0,01430	0,33859
26	0,17123	0,01455	0,16878	0,01435	0,33918
28	0,17153	0,01460	0,16906	0,01439	0,33976
30	0,17183	0,01465	0,16935	0,01444	0,34034
32	0,17213	0,01471	0,16964	0,01449	0,34092
34	0,17243	0,01476	0,16992	0,01454	0,34150
36	0,17273	0,01481	0,17021	0,01459	0,34208
38	0,17303	0,01486	0,17050	0,01464	0,34267
40	0,17333	0,01491	0,17078	0,01469	0,34325
42	0,17363	0,01496	0,17107	0,01474	0,34383
44	0,17393	0,01501	0,17136	0,01479	0,34441
46	0,17423	0,01506	0,17164	0,01484	0,34499
48	0,17453	0,01512	0,17193	0,01489	0,34558
50	0,17483	0,01517	0,17222	0,01494	0,34616
52	0,17513	0,01522	0,17250	0,01499	0,34674
54	0,17543	0,01527	0,17279	0,01504	0,34732
56	0,17573	0,01532	0,17308	0,01509	0,34790
58	0,17603	0,01537	0,17336	0,01514	0,34848
60	0,17633	0,01543	0,17365	0,01519	0,34907

$\alpha = 20^\circ$

Minutos	Tangente AB $\operatorname{tg} \frac{\alpha}{2}$	Distancia al vértice BD $\sec \frac{\alpha}{2} - 1$	Abscisa AE y semicuerda AF $\operatorname{sen} \frac{\alpha}{2}$	Ordenada ED flecha DF $1 - \cos \frac{\alpha}{2}$	Longitud del arco ADC $\frac{\pi \alpha}{180}$
0	0,17633	0,01543	0,17365	0,01519	0,34907
2	0,17663	0,01548	0,17393	0,01524	0,34965
4	0,17693	0,01553	0,17422	0,01529	0,35023
6	0,17723	0,01558	0,17451	0,01534	0,35081
8	0,17753	0,01564	0,17479	0,01539	0,35139
10	0,17783	0,01569	0,17508	0,01545	0,35197
12	0,17813	0,01574	0,17537	0,01550	0,35256
14	0,17843	0,01579	0,17565	0,01555	0,35314
16	0,17873	0,01585	0,17594	0,01560	0,35372
18	0,17903	0,01590	0,17623	0,01565	0,35430
20	0,17933	0,01595	0,17651	0,01570	0,35488
22	0,17963	0,01600	0,17680	0,01575	0,35547
24	0,17993	0,01606	0,17708	0,01580	0,35605
26	0,18023	0,01611	0,17737	0,01586	0,35663
28	0,18053	0,01616	0,17766	0,01591	0,35721
30	0,18083	0,01622	0,17794	0,01596	0,35779
32	0,18113	0,01627	0,17823	0,01601	0,35837
34	0,18143	0,01633	0,17852	0,01606	0,35896
36	0,18173	0,01638	0,17880	0,01611	0,35954
38	0,18203	0,01643	0,17909	0,01617	0,36012
40	0,18233	0,01649	0,17937	0,01622	0,36070
42	0,18263	0,01654	0,17966	0,01627	0,36128
44	0,18293	0,01659	0,17995	0,01632	0,36186
46	0,18323	0,01665	0,18023	0,01638	0,36245
48	0,18353	0,01670	0,18052	0,01643	0,36303
50	0,18384	0,01676	0,18081	0,01648	0,36361
52	0,18414	0,01681	0,18109	0,01653	0,36419
54	0,18444	0,01687	0,18138	0,01659	0,36477
56	0,18474	0,01692	0,18166	0,01664	0,36436
58	0,18504	0,01698	0,18195	0,01669	0,36594
60	0,18534	0,01703	0,18224	0,01675	0,36652

$\alpha = 21°$

Minutos	Tangente *AB*	Distancia al vértice *BD*	Abscisa *AE* y semicuerda *AF*	Ordenada *ED* flecha *DF*	Longitud del arco *ADC*
	$\operatorname{tg} \frac{\alpha}{2}$	$\sec \frac{\alpha}{2} - 1$	$\operatorname{sen} \frac{\alpha}{2}$	$1 - \cos \frac{\alpha}{2}$	$\frac{\pi \alpha}{180}$
0	0,18534	0,01703	0,18224	0,01675	0,36652
2	0,18564	0,01708	0,18252	0,01680	0,36710
4	0,18594	0,01714	0,18281	0,01685	0,36768
6	0,18624	0,01719	0,18309	0,01690	0,36826
8	0,18654	0,01725	0,18338	0,01696	0,36885
10	0,18684	0,01731	0,18367	0,01701	0,36943
12	0,18714	0,01736	0,18395	0,01706	0,37001
14	0,18745	0,01742	0,18424	0,01712	0,37059
16	0,18775	0,01747	0,18452	0,01717	0,37117
18	0,18805	0,01753	0,18481	0,01723	0,37176
20	0,18835	0,01758	0,18509	0,01728	0,37234
22	0,18865	0,01764	0,18538	0,01733	0,37292
24	0,18895	0,01770	0,18567	0,01739	0,37350
26	0,18925	0,01775	0,18595	0,01744	0,37408
28	0,18955	0,01781	0,18624	0,01750	0,37466
30	0,18986	0,01786	0,18652	0,01755	0,37525
32	0,19016	0,01792	0,18681	0,01760	0,37583
34	0,19046	0,01798	0,18710	0,01766	0,37641
36	0,19076	0,01803	0,18738	0,01771	0,37699
38	0,19106	0,01809	0,18767	0,01777	0,37757
40	0,19136	0,01815	0,18795	0,01782	0,37815
42	0,19166	0,01820	0,18824	0,01788	0,37874
44	0,19197	0,01826	0,18852	0,01793	0,37932
46	0,19227	0,01832	0,18881	0,01799	0,37990
48	0,19257	0,01837	0,18910	0,01804	0,38048
50	0,19287	0,01843	0,18938	0,01810	0,38106
52	0,19317	0,01849	0,18967	0,01815	0,38165
54	0,19347	0,01854	0,18995	0,01821	0,38223
56	0,19378	0,01860	0,19024	0,01826	0,38281
58	0,19408	0,01866	0,19052	0,01832	0,38339
60	0,19438	0,01872	0,19081	0,01837	0,38397

$\alpha = 22°$

Minutos	Tangente AB	Distancia al vértice BD	Abscisa AE y semi-cuerda AF	Ordenada ED flecha DF	Longitud del arco ADC
	$\operatorname{tg} \frac{\alpha}{2}$	$\sec \frac{\alpha}{2} - 1$	$\operatorname{sen} \frac{\alpha}{2}$	$1 - \cos \frac{\alpha}{2}$	$\frac{\pi \alpha}{180}$
0	0,19438	0,01872	0,19081	0,01837	0,38397
2	0,19468	0,01877	0,19109	0,01843	0,38455
4	0,19498	0,01883	0,19138	0,01848	0,38514
6	0,19529	0,01889	0,19167	0,01854	0,38572
8	0,19559	0,01895	0,19195	0,01860	0,38630
10	0,19589	0,01901	0,19224	0,01865	0,38688
12	0,19619	0,01906	0,19252	0,01871	0,38746
14	0,19646	0,01912	0,19281	0,01876	0,38804
16	0,19680	0,01918	0,19309	0,01882	0,38863
18	0,19710	0,01924	0,19338	0,01888	0,38921
20	0,19740	0,01930	0,19366	0,01893	0,38979
22	0,19770	0,01936	0,19395	0,01899	0,39037
24	0,19801	0,01941	0,19423	0,01904	0,39095
26	0,19831	0,01947	0,19452	0,01910	0,39154
28	0,19861	0,01953	0,19481	0,01916	0,39212
30	0,19891	0,01959	0,19509	0,01921	0,39270
32	0,19921	0,01965	0,19538	0,01927	0,39328
34	0,19952	0,01971	0,19566	0,01933	0,39386
36	0,19982	0,01977	0,19595	0,01939	0,39444
38	0,20012	0,01983	0,19623	0,01944	0,39503
40	0,20042	0,01989	0,19652	0,01950	0,39561
42	0,20073	0,01995	0,19680	0,01956	0,39619
44	0,20103	0,02001	0,19709	0,01961	0,39677
46	0,20133	0,02007	0,19737	0,01967	0,39735
48	0,20164	0,02013	0,19766	0,01973	0,39794
50	0,20194	0,02019	0,19794	0,01979	0,39852
52	0,20224	0,02025	0,19823	0,01984	0,39910
54	0,20254	0,02031	0,19851	0,01990	0,39968
56	0,20285	0,02037	0,19880	0,01996	0,40026
58	0,20315	0,02043	0,19908	0,02002	0,40084
60	0,20345	0,02049	0,19937	0,02008	0,40143

$\alpha = 23°$

Minutos	Tangente *AB*	Distancia al vértice *BD*	Abscisa *AE* y semicuerda *AF*	Ordenada *ED* flecha *DF*	Longitud del arco *ADC*
	$\operatorname{tg}\frac{\alpha}{2}$	$\sec\frac{\alpha}{2} - 1$	$\operatorname{sen}\frac{\alpha}{2}$	$1 - \cos\frac{\alpha}{2}$	$\frac{\pi\alpha}{180}$
0	0,20345	0,02049	0,19937	0,02008	0,40143
2	0,20376	0,02055	0,19965	0,02013	0,40201
4	0,20406	0,02061	0,19994	0,02019	0,40259
6	0,20436	0,02067	0,20022	0,02025	0,40317
8	0,20466	0,02073	0,20051	0,02031	0,40375
10	0,20497	0,02079	0,20079	0,02037	0,40433
12	0,20527	0,02085	0,20108	0,02042	0,40492
14	0,20557	0,02091	0,20136	0,02048	0,40550
16	0,20588	0,02098	0,20165	0,02054	0,40608
18	0,20618	0,02103	0,20193	0,02060	0,40666
20	0,20648	0,02109	0,20222	0,02066	0,40724
22	0,20679	0,02116	0,20250	0,02072	0,40783
24	0,20709	0,02122	0,20279	0,02078	0,40841
26	0,20739	0,02128	0,20307	0,02084	0,40899
28	0,20770	0,02134	0,20336	0,02090	0,40957
30	0,20800	0,02140	0,20364	0,02095	0,41015
32	0,20830	0,02146	0,20393	0,02101	0,41073
34	0,20861	0,02153	0,20421	0,02107	0,41132
36	0,20891	0,02159	0,20450	0,02113	0,41190
38	0,20921	0,02165	0,20478	0,02119	0,41248
40	0,20952	0,02171	0,20507	0,02125	0,41306
42	0,20982	0,02178	0,20535	0,02131	0,41364
44	0,21013	0,02184	0,20563	0,02137	0,41422
46	0,21043	0,02190	0,20592	0,02143	0,41481
48	0,21073	0,02196	0,20620	0,02149	0,41539
50	0,21104	0,02203	0,20649	0,02155	0,41597
52	0,21134	0,02209	0,20677	0,02161	0,41655
54	0,21164	0,22215	0,20706	0,02167	0,41713
56	0,21195	0,02221	0,20734	0,02173	0,41772
58	0,21225	0,02228	0,20763	0,02179	0,41830
60	0,21256	0,02234	0,20791	0,02185	0,41888

$\alpha = 24°$

Minutos	Tangente *AB*	Distancia al vértice *BD*	Abscisa *AE* y semicuerda *AF*	Ordenada *ED* flecha *DF*	Longitud del arco *ADC*
	$\operatorname{tg} \frac{\alpha}{2}$	$\sec \frac{\alpha}{2} - 1$	$\operatorname{sen} \frac{\alpha}{2}$	$1 - \cos \frac{\alpha}{2}$	$\frac{\pi \alpha}{180}$
0	0,21256	0,02234	0,20791	0,02185	0,41888
2	0,21286	0,02240	0,20820	0,02191	0,41946
4	0,21316	0,02247	0,20848	0,02197	0,42004
6	0,21347	0,02253	0,20877	0,02203	0,42062
8	0,21377	0,02259	0,20905	0,02210	0,42121
10	0,21408	0,02266	0,20933	0,02216	0,42179
12	0,21438	0,02272	0,20962	0,02222	0,42237
14	0,21469	0,02279	0,20990	0,02228	0,42295
16	0,21499	0,02285	0,21019	0,02234	0,42353
18	0,21529	0,02291	0,21047	0,02240	0,42411
20	0,21560	0,02298	0,21076	0,02246	0,42470
22	0,21590	0,02304	0,21104	0,02252	0,42528
24	0,21621	0,02311	0,21132	0,02258	0,42586
26	0,21651	0,02317	0,21161	0,02265	0,42644
28	0,21682	0,02323	0,21189	0,02271	0,42702
30	0,21712	0,02330	0,21218	0,02277	0,42761
32	0,21743	0,02336	0,21246	0,02283	0,42819
34	0,21773	0,02343	0,21275	0,02289	0,42877
36	0,21804	0,02349	0,21303	0,02295	0,42935
38	0,21834	0,02356	0,21331	0,02302	0,42993
40	0,21864	0,02362	0,21360	0,02308	0,43051
42	0,21895	0,02369	0,21388	0,02314	0,43110
44	0,21925	0,02375	0,21417	0,02320	0,43168
46	0,21956	0,02382	0,21445	0,02327	0,43226
48	0,21986	0,02389	0,21474	0,02333	0,43284
50	0,22017	0,02395	0,21502	0,02339	0,43342
52	0,22047	0,02402	0,21530	0,02345	0,43401
54	0,22078	0,02408	0,21559	0,02351	0,43459
56	0,22108	0,02415	0,21587	0,02358	0,43517
58	0,22139	0,02421	0,21616	0,02364	0,43575
60	0,22169	0,02428	0,21644	0,02370	0,43633

27

$\alpha = 25^{\circ}$

Minutos	Tangente *AB*	Distancia al vértice *BD*	Abscisa *AE* y semicuerda *AF*	Ordenada *ED* flecha *DF*	Longitud del arco *ADC*
	$\operatorname{tg} \frac{\alpha}{2}$	$\sec \frac{\alpha}{2} - 1$	$\operatorname{sen} \frac{\alpha}{2}$	$1 - \cos \frac{\alpha}{2}$	$\frac{\pi \alpha}{180}$
0	0,22169	0,02428	0,21644	0,02370	0,43633
2	0,22200	0,02435	0,21672	0,02377	0,43691
4	0,22231	0,02441	0,21701	0,02383	0,43750
6	0,22261	0,02448	0,21729	0,02389	0,43808
8	0,22292	0,02454	0,21758	0,02396	0,43866
10	0,22322	0,02461	0,21786	0,02402	0,43924
12	0,22353	0,02468	0,21814	0,02408	0,43982
14	0,22383	0,02474	0,21843	0,02415	0,44040
16	0,22414	0,02481	0,21871	0,02421	0,44099
18	0,22444	0,02488	0,21899	0,02427	0,44157
20	0,22475	0,02495	0,21928	0,02434	0,44215
22	0,22505	0,02501	0,21956	0,02440	0,44273
24	0,22536	0,02508	0,21985	0,02447	0,44331
26	0,22567	0,02515	0,22013	0,02453	0,44390
28	0,22597	0,02521	0,22041	0,02459	0,44448
30	0,22628	0,02528	0,22070	0,02466	0,44506
32	0,22658	0,02535	0,22098	0,02472	0,44564
34	0,22689	0,02542	0,22126	0,02479	0,44622
36	0,22719	0,02548	0,22155	0,02485	0,44680
38	0,22750	0,02555	0,22183	0,02492	0,44739
40	0,22781	0,02562	0,22212	0,02498	0,44797
42	0,22811	0,02569	0,22240	0,02504	0,44855
44	0,22842	0,02576	0,22268	0,02511	0,44913
46	0,22872	0,02582	0,22297	0,02517	0,44971
48	0,22903	0,02589	0,22325	0,02524	0,45030
50	0,22934	0,02596	0,22353	0,02530	0,45088
52	0,22964	0,02603	0,22382	0,02537	0,45146
54	0,22995	0,02610	0,22410	0,02543	0,45204
56	0,23026	0,02617	0,22438	0,02550	0,45262
58	0,23056	0,02623	0,22467	0,02556	0,45320
60	0,23087	0,02630	0,22595	0,02563,	0,45379

$\alpha = 26^{\circ}$

Minutos	Tangente *AB* $\operatorname{tg}\frac{\alpha}{2}$	Distancia al vértice *BD* $\sec\frac{\alpha}{2} - 1$	Abscisa *AE* y semicuerda *AF* $\operatorname{sen}\frac{\alpha}{2}$	Ordenada *ED* flecha *DF* $1 - \cos\frac{\alpha}{2}$	Longitud del arco *ADC* $\frac{\pi\,\alpha}{180}$
0	0,23087	0,02630	0,22495	0,02563	0,45379
2	0,23117	0,02637	0,22523	0,02570	0,45437
4	0,23148	0,02644	0,22552	0,02576	0,45495
6	0,23179	0,02651	0,22580	0,02583	0,45553
8	0,23209	0,02658	0,22608	0,02589	0,45611
10	0,23240	0,02665	0,22637	0,02596	0,45669
12	0,23271	0,02672	0,22665	0,02602	0,45728
14	0,23301	0,02679	0,22693	0,02609	0,45786
16	0,23332	0,02686	0,22722	0,02616	0,45844
18	0,23363	0,02693	0,22750	0,02622	0,45902
20	0,23393	0,02700	0,22778	0,02629	0,45960
22	0,23424	0,02707	0,22807	0,02635	0,46019
24	0,23455	0,02714	0,22835	0,02642	0,46077
26	0,23485	0,02721	0,22863	0,02649	0,46135
28	0,23516	0,02728	0,22892	0,02655	0,46193
30	0,23547	0,02735	0,22920	0,02662	0,46251
32	0,23578	0,02742	0,22948	0,02669	0,46309
34	0,23608	0,02749	0,22977	0,02675	0,46368
36	0,23639	0,02756	0,23005	0,02682	0,46426
38	0,23670	0,02763	0,23033	0,02689	0,46484
40	0,23700	0,02770	0,23062	0,02696	0,46542
42	0,23731	0,02777	0,23090	0,02702	0,46600
44	0,23762	0,02784	0,23118	0,02709	0,46658
46	0,23793	0,02792	0,23146	0,02716	0,46717
48	0,23823	0,02799	0,23175	0,02722	0,46775
50	0,23854	0,02806	0,23203	0,02729	0,46833
52	0,23885	0,02813	0,23231	0,02736	0,46891
54	0,23916	0,02820	0,23260	0,02743	0,46949
56	0,23946	0,02827	0,23288	0,02749	0,47008
58	0,23977	0,02834	0,23316	0,02756	0,47066
60	0,24008	0,02842	0,23344	0,02763	0,47124

$\alpha = 27°$

Minutos	Tangente AB $\operatorname{tg} \frac{\alpha}{2}$	Distancia al vértice BD $\sec \frac{\alpha}{2} - 1$	Abscisa AE y semicuerda AF $\operatorname{sen} \frac{\alpha}{2}$	Ordenada ED flecha DF $1 - \cos \frac{\alpha}{2}$	Longitud del arco ADC $\frac{\pi \alpha}{180}$
0	0,24008	0,02842	0,23344	0,02763	0,47124
2	0,24039	0,02849	0,23373	0,02770	0,47182
4	0,24069	0,02856	0,23401	0,02777	0,47240
6	0,24100	0,02863	0,23429	0,02783	0,47298
8	0,24131	0,02870	0,23458	0,02790	0,47357
10	0,24162	0,02878	0,23486	0,02797	0,47415
12	0,24193	0,02885	0,23514	0,02804	0,47473
14	0,24223	0,02892	0,23542	0,02811	0,47531
16	0,24254	0,02899	0,23571	0,02818	0,47589
18	0,24285	0,02907	0,23599	0,02824	0,47647
20	0,24316	0,02914	0,23627	0,02831	0,47706
22	0,24347	0,02921	0,23656	0,02838	0,47764
24	0,24377	0,02928	0,23684	0,02845	0,47822
26	0,24408	0,02936	0,23712	0,02852	0,47880
28	0,24439	0,02943	0,23740	0,02859	0,47938
30	0,24470	0,02950	0,23769	0,02866	0,47997
32	0,24501	0,02958	0,23797	0,02873	0,48055
34	0,24532	0,02965	0,23825	0,02880	0,48113
36	0,24562	0,02972	0,23853	0,02887	0,48171
38	0,24593	0,02980	0,23882	0,02894	0,48229
40	0,24624	0,02987	0,23910	0,02900	0,48287
42	0,24655	0,02994	0,23938	0,02907	0,48346
44	0,24686	0,03002	0,23966	0,02914	0,48404
46	0,24717	0,03009	0,23995	0,02921	0,48462
48	0,24748	0,03017	0,24023	0,02928	0,48520
50	0,24778	0,03024	0,24051	0,02935	0,48578
52	0,24809	0,03031	0,24079	0,02942	0,48637
54	0,24840	0,03039	0,24108	0,02949	0,48695
56	0,24871	0,03046	0,24136	0,02956	0,48753
58	0,24902	0,03054	0,24164	0,02963	0,48811
60	0,24933	0,03061	0,24192	0,02970	0,48869

$\alpha = 28°$

Minutos	Tangente AB	Distancia al vértice BD	Abscisa AE y semicuerda AF	Ordenada ED flecha DF	Longitud del arco ADC
	$\operatorname{tg} \frac{\alpha}{2}$	$\sec \frac{\alpha}{2} - 1$	$\operatorname{sen} \frac{\alpha}{2}$	$1 - \cos \frac{\alpha}{2}$	$\frac{\pi\alpha}{180}$
0	0,24933	0,03061	0,24192	0,02970	0,48869
2	0,24964	0,03069	0,24220	0,02977	0,48927
4	0,24995	0,03076	0,24249	0,02985	0,48986
6	0,25026	0,03084	0,24277	0,02992	0,49044
8	0,25056	0,03091	0,24305	0,02999	0,49102
10	0,25087	0,03099	0,24333	0,03006	0,49160
12	0,25118	0,03106	0,24362	0,03013	0,49218
14	0,25149	0,03114	0,24390	0,03020	0,49276
16	0,25180	0,03121	0,24418	0,03027	0,49335
18	0,25211	0,03129	0,24446	0,03034	0,49393
20	0,25242	0,03137	0,24474	0,03041	0,49451
22	0,25273	0,03144	0,24503	0,03048	0,49509
24	0,25304	0,03152	0,24531	0,03055	0,49567
26	0,25335	0,03159	0,24559	0,03063	0,49626
28	0,25366	0,03167	0,24587	0,03070	0,49684
30	0,25397	0,03175	0,24615	0,03077	0,49742
32	0,25428	0,03182	0,24644	0,03084	0,49800
34	0,25459	0,03190	0,24672	0,03091	0,49858
36	0,25490	0,03197	0,24700	0,03098	0,49916
38	0,25521	0,03205	0,24728	0,03106	0,49975
40	0,25552	0,03213	0,24756	0,03113	0,50033
42	0,25583	0,03220	0,24784	0,03120	0,50091
44	0,25614	0,03228	0,24813	0,03127	0,50149
46	0,25645	0,03236	0,24841	0,03134	0,50207
48	0,25676	0,03244	0,24869	0,03142	0,50265
50	0,25707	0,03251	0,24897	0,03149	0,50324
52	0,25738	0,03259	0,24925	0,03156	0,50382
54	0,25769	0,03267	0,24954	0,03163	0,50440
56	0,25800	0,03275	0,24982	0,03171	0,50498
58	0,25831	0,03282	0,25010	0,03178	0,50556
60	0,25862	0,03290	0,25038	0,03185	0,50615

$\alpha = 29°$

Minutos	Tangente AB	Distancia al vértice BD	Abscisa AE y semicuerda AF	Ordenada ED flecha DF	Longitud del arco ADC
	$\operatorname{tg} \frac{\alpha}{2}$	$\sec \frac{\alpha}{2} - 1$	$\operatorname{sen} \frac{\alpha}{2}$	$1 - \cos \frac{\alpha}{2}$	$\frac{\pi \alpha}{180}$
0	0,25862	0,03290	0,25038	0,03185	0,50615
2	0,25893	0,03298	0,25066	0,03193	0,50673
4	0,25924	0,03306	0,25094	0,03200	0,50731
6	0,25955	0,03313	0,25122	0,03207	0,50789
8	0,25986	0,03321	0,25151	0,03214	0,50847
10	0,26017	0,03329	0,25179	0,03222	0,50905
12	0,25048	0,03337	0,25207	0,03229	0,50964
14	0,26079	0,03345	0,25235	0,03236	0,51022
16	0,26110	0,03352	0,25263	0,03244	0,51080
18	0,26141	0,03360	0,26291	0,03251	0,51138
20	0,26172	0,03368	0,25320	0,03258	0,51196
22	0,26203	0,03376	0,25348	0,03266	0,51255
24	0,26235	0,03384	0,25376	0,03273	0,51313
26	0,26266	0,03392	0,25404	0,03281	0,51371
28	0,26297	0,03400	0,25432	0,03288	0,51429
30	0,26328	0,03408	0,25460	0,03295	0,51487
32	0,26359	0,03416	0,25488	0,03303	0,51545
34	0,26390	0,03424	0,25516	0,03310	0,51604
36	0,26421	0,03432	0,25545	0,03318	0,51662
38	0,26452	0,03439	0,25573	0,03325	0,51720
40	0,26483	0,03447	0,25601	0,03333	0,51778
42	0,26515	0,03455	0,25629	0,03340	0,51836
44	0,26546	0,03463	0,25657	0,03347	0,51894
46	0,26577	0,03471	0,25685	0,03355	0,51953
48	0,26608	0,03479	0,25713	0,03362	0,52011
50	0,26639	0,03487	0,25741	0,03370	0,52069
52	0,26670	0,03495	0,25769	0,03377	0,52127
54	0,26701	0,03503	0,25798	0,03385	0,52185
56	0,26733	0,03512	0,25826	0,03392	0,52244
58	0,26764	0,03520	0,25854	0,03400	0,52302
60	0,26795	0,03528	0,25882	0,03407	0,52360

$\alpha = 30^{\circ}$

Minutos	Tangente AB	Distancia al vértice BD	Abscisa AE y semicuerda AF	Ordenada ED flecha DF	Longitud del arco ADC
	$\operatorname{tg} \frac{\alpha}{2}$	$\sec \frac{\alpha}{2} - 1$	$\operatorname{sen} \frac{\alpha}{2}$	$1 - \cos \frac{\alpha}{2}$	$\frac{\pi \alpha}{180}$
0	0,26795	0,03528	0,25882	0,03407	0,52360
2	0,26826	0,03536	0,25910	0,03415	0,52418
4	0,26857	0,03544	0,25938	0,03423	0,52476
6	0,26888	0,03552	0,25966	0,03430	0,52534
8	0,26920	0,03560	0,25994	0,03438	0,52593
10	0,26951	0,03568	0,26022	0,03445	0,52651
12	0,26982	0,03576	0,26050	0,03453	0,52709
14	0,27013	0,02584	0,26079	0,03460	0,52767
16	0,27044	0,03592	0,26107	0,03468	0,52825
18	0,27076	0,03601	0,26135	0,03476	0,52883
20	0,27107	0,03609	0,26163	0,03483	0,52942
22	0,27138	0,03617	0,26191	0,03491	0,53000
24	0,27169	0,03625	0,26219	0,03498	0,53058
26	0,27201	0,03633	0,26247	0,03506	0,53116
28	0,27232	0,03642	0,26275	0,03514	0,53174
30	0,27263	0,03650	0,26303	0,03521	0,53233
32	0,27294	0,03658	0,26331	0,03529	0,53291
34	0,27326	0,03666	0,26359	0,03537	0,53349
36	0,27357	0,03675	0,26387	0,03544	0,53407
38	0,27388	0,03683	0,26415	0,03552	0,53465
40	0,27419	0,03691	0,26443	0,03560	0,53523
42	0,27451	0,03699	0,26471	0,03567	0,53582
44	0,27482	0,03708	0,26500	0,03575	0,53640
46	0,27513	0,03716	0,26528	0,03583	0,53698
48	0,27545	0,03724	0,26556	0,03590	0,53756
50	0,27576	0,03732	0,26584	0,03598	0,53814
52	0,27607	0,03741	0,26612	0,03606	0,53872
54	0,27639	0,03749	0,26640	0,03614	0,53931
56	0,27670	0,03757	0,26668	0,03621	0,53989
58	0,27701	0,03766	0,26696	0,03629	0,54047
60	0,27732	0,03774	0,26724	0,03637	0,54105

$\alpha = 31°$

Minutos	Tangente *AB*	Distancia al vértice *BD*	Abscisa *AE* y semicuerda *AF*	Ordenada *ED* flecha *DF*	Longitud del arco *ADC*
	$\operatorname{tg} \frac{\alpha}{2}$	$\sec \frac{\alpha}{2} - 1$	$\operatorname{sen} \frac{\alpha}{2}$	$1 - \cos \frac{\alpha}{2}$	$\frac{\pi \alpha}{180}$
0	0,27732	0,03774	0,26724	0,03637	0,54105
2	0,27764	0,03783	0,26752	0,03645	0,54163
4	0,27795	0,03791	0,26780	0,03653	0,54222
6	0,27826	0,03799	0,26808	0,03660	0,54280
8	0,27858	0,03808	0,26836	0,03668	0,54338
10	0,27889	0,03816	0,26864	0,03676	0,54396
12	0,27921	0,03825	0,26892	0,03684	0,54454
14	0,27952	0,03833	0,26920	0,03692	0,54512
16	0,27983	0,03842	0,26948	0,03699	0,54571
18	0,28015	0,03850	0,26976	0,03707	0,54629
20	0,28046	0,03858	0,27004	0,03715	0,54687
22	0,28077	0,03867	0,27032	0,03723	0,54745
24	0,28109	0,03875	0,27060	0,03731	0,54803
26	0,28140	0,03884	0,27088	0,03739	0,54862
28	0,28172	0,03892	0,27116	0,03747	0,54920
30	0,28203	0,03901	0,27144	0,03754	0,54978
32	0,28234	0,03909	0,27172	0,03762	0,55036
34	0,28266	0,03918	0,27200	0,03770	0,55094
36	0,28297	0,03927	0,27228	0,03778	0,55152
38	0,28329	0,03935	0,27256	0,03786	0,55211
40	0,28360	0,03944	0,27284	0,03794	0,55269
42	0,28391	0,03952	0,27312	0,03802	0,55327
44	0,28423	0,03961	0,27340	0,03810	0,55385
46	0,28454	0,03969	0,27368	0,03818	0,55443
48	0,28486	0,03978	0,27396	0,03826	0,55501
50	0,28517	0,03987	0,27424	0,03834	0,55560
52	0,28549	0,03995	0,27452	0,03842	0,55618
54	0,28580	0,04004	0,27480	0,03850	0,55676
56	0,28612	0,04013	0,27508	0,03858	0,55734
58	0,28643	0,04021	0,27536	0,03866	0,55792
60	0,28675	0,04030	0,27564	0,03874	0,55851

$\alpha = 32^{\circ}$

Minutos	Tangente *AB*	Distancia al vértice *BD*	Abscisa *AE* y semi-cuerda *AF*	Ordenada *ED* flecha *DF*	Longitud del arco *ADC*
	$\operatorname{tg} \frac{\alpha}{2}$	$\sec \frac{\alpha}{2} - 1$	$\operatorname{sen} \frac{\alpha}{2}$	$1 - \cos \frac{\alpha}{2}$	$\frac{\pi \alpha}{180}$
0	0,28674	0,04030	0,27564	0,03874	0,55851
2	0,28706	0,04039	0,27592	0,03882	0,55909
4	0,28738	0,04047	0,27620	0,03890	0,55967
6	0,28769	0,04056	0,27648	0,03898	0,56025
8	0,28801	0,04065	0,27676	0,03906	0,56083
10	0,28832	0,04073	0,27704	0,03914	0,56141
12	0,28864	0,04082	0,27731	0,03922	0,56200
14	0,28895	0,04091	0,27759	0,03930	0,56258
16	0,28927	0,04100	0,27787	0,03938	0,56316
18	0,28958	0,04108	0,27815	0,03946	0,56374
20	0,28990	0,04117	0,27843	0,03954	0,56432
22	0,29021	0,04126	0,27871	0,03963	0,56490
24	0,29053	0,04135	0,27899	0,03971	0,56549
26	0,29084	0,04144	0,27927	0,03979	0,56607
28	0,29116	0,04152	0,27955	0,03987	0,56665
30	0,29147	0,04161	0,27983	0,03995	0,56723
32	0,29179	0,04170	0,28011	0,04003	0,56781
34	0,29210	0,04179	0,28039	0,04011	0,56840
36	0,29242	0,04188	0,28067	0,04019	0,56898
38	0,29274	0,04197	0,28095	0,04028	0,56956
40	0,29305	0,04206	0,28123	0,04036	0,57014
42	0,29337	0,04214	0,28150	0,04044	0,57072
44	0,29368	0,04223	0,28178	0,04052	0,57130
46	0,29400	0,04232	0,28206	0,04060	0,57189
48	0,29432	0,04241	0,28234	0,04069	0,57247
50	0,29463	0,04250	0,28262	0,04077	0,57305
52	0,29495	0,04259	0,28290	0,04085	0,57363
54	0,29526	0,04268	0,28318	0,04093	0,57412
56	0,29558	0,04277	0,28346	0,04102	0,57480
58	0,29590	0,04286	0,28374	0,04110	0,57538
60	0,29621	0,03295	0,28402	0,04118	0,57596

$\alpha = 33°$

Minutos	Tangente *AB*	Distancia al vértice *BD*	Abscisa *AE* y semicuerda *AF*	Ordenada *ED* flecha *DF*	Longitud del arco *ADC*
	$\text{tg}\,\frac{\alpha}{2}$	$\sec\frac{\alpha}{2} - 1$	$\text{sen}\,\frac{\alpha}{2}$	$1 - \cos\frac{\alpha}{2}$	$\frac{\pi\,\alpha}{180}$
0	0,29621	0,04295	0,28402	0,04118	0,57596
2	0,29653	0,04304	0,28429	0,04126	0,57654
4	0,29685	0,04313	0,28457	0,04135	0,57712
6	0,29716	0,04322	0,28485	0,04143	0,57770
8	0,29748	0,04331	0,28513	0,04151	0,57829
10	0,29780	0,04340	0,28541	0,04159	0,57887
12	0,29811	0,04349	0,28569	0,04168	0,57945
14	0,29843	0,04358	0,28597	0,04176	0,58003
16	0,29875	0,04367	0,28625	0,04184	0,58061
18	0,29906	0,04376	0,28652	0,04193	0,58119
20	0,29938	0,04385	0,28680	0,04201	0,58178
22	0,29970	0,04394	0,28708	0,04209	0,58236
24	0,30001	0,04404	0,28736	0,04218	0,58294
26	0,30033	0,04413	0,28764	0,04226	0,58352
28	0,30065	0,04422	0,28792	0,04234	0,58410
30	0,30097	0,04431	0,28820	0,04243	0,58469
32	0,30128	0,04440	0,28847	0,04251	0,58527
34	0,30160	0,04449	0,28875	0,04260	0,58585
36	0,30192	0,04458	0,28903	0,04268	0,58643
38	0,30224	0,04468	0,28931	0,04276	0,58701
40	0,30255	0,04477	0,28959	0,04285	0,58759
42	0,30287	0,04486	0,28987	0,04293	0,58818
44	0,30319	0,04495	0,29015	0,04302	0,58876
46	0,30351	0,04504	0,29042	0,04310	0,58934
48	0,30382	0,04514	0,29070	0,04319	0,58992
50	0,30414	0,04523	0,29098	0,04327	0,59050
52	0,30446	0,04532	0,29126	0,04336	0,59108
54	0,30478	0,04541	0,29154	0,04344	0,59167
56	0,30509	0,04551	0,29182	0,04353	0,59225
58	0,30541	0,04560	0,29209	0,04361	0,59283
60	0,30573	0,04569	0,29237	0,04370	0,59341

$\alpha = 34°$

Minutos	Tangente AB	Distancia al vértice BD	Abscisa AE y semi-cuerda AF	Ordenada ED flecha DF	Longitud del arco ADC
	$\operatorname{tg} \frac{\alpha}{2}$	$\sec \frac{\alpha}{2} - 1$	$\operatorname{sen} \frac{\alpha}{2}$	$1 - \cos \frac{\alpha}{2}$	$\frac{\pi \alpha}{180}$
0	0,30573	0,04569	0,29237	0,04370	0,59341
2	0,30605	0,04578	0,29265	0,04378	0,59399
4	0,30637	0,04588	0,29293	0,04387	0,59458
6	0,30669	0,04597	0,29321	0,04395	0,59516
8	0,30700	0,04606	0,29348	0,04404	0,59574
10	0,30732	0,04616	0,29376	0,04412	0,59632
12	0,30764	0,04625	0,29404	0,04421	0,59690
14	0,30796	0,04634	0,29432	0,04429	0,59748
16	0,30828	0,04644	0,29460	0,04438	0,59807
18	0 30860	0,04653	0,29487	0,04446	0,59865
20	0,30891	0,04663	0,29515	0,04455	0,59923
22	0,30923	0,04672	0,29543	0,04464	0,59981
24	0,30955	0,04682	0,29571	0,04472	0,60039
26	0,30987	0,04691	0,29599	0 04481	0,60097
28	0,31019	0,04700	0,29626	0,04489	0,60156
30	0,31051	0,04710	0 29654	0,04498	0,60214
32	0,31083	0,04719	0,29682	0,04507	0,60272
34	0,31115	0,04729	0,29710	0,04515	0,60330
36	0,31147	0,04738	0,29737	0,04524	0,60388
38	0,31178	0,04748	0,29765	0,04533	0,60447
40	0,31210	0,04757	0,29793	0 04541	0,60505
42	0,31242	0,04767	0,29821	0,04550	0,60563
44	0,31274	0,04776	0,29849	0,04559	0,60621
46	0,31306	0,04786	0,29876	0,04567	0,60679
48	0,31338	0,04795	0,29904	0,04576	0,60737
50	0,31370	0,04805	0,29932	0,04585	0,60796
52	0,31402	0,04815	0,29960	0,04593	0,60854
54	0,31434	0,04824	0,29987	0,04602	0,60912
56	0,31466	0,04834	0,30015	0,04611	0,60970
58	0,31498	0,04843	0,30043	0,04620	0,61028
60	0,31530	0,04853	0,30071	0,04628	0,61087

$\alpha = 35°$

Minutos	Tangente *AB*	Distancia al vértice *BD*	Abscisa *AE* y semicuerda *AF*	Ordenada *ED* flecha *DF*	Longitud del arco *ADC*
	$\operatorname{tg} \frac{\alpha}{2}$	$\sec \frac{\alpha}{2} - 1$	$\operatorname{sen} \frac{\alpha}{2}$	$1 - \cos \frac{\alpha}{2}$	$\frac{\pi \alpha}{180}$
0	0,31530	0,04853	0,30071	0,04628	0,61087
2	0,31562	0 04862	0,30098	0,04637	0,61145
4	0.31594	0,04872	0,30126	0,04646	0,61203
6	0,31626	0,04882	0,30154	0,04655	0,61261
8	0,31658	0,04891	0,30182	0,04663	0,61319
10	0,31690	0,04901	0,30209	0,04672	0,61377
12	0,31722	0,04911	0,30237	0,04681	0,61436
14	0,31754	0,04920	0,30265	0,04699	0,61494
16	0,31786	0,04930	0,30292	0,04699	0,61552
18	0,31818	0,04940	0,30320	0,04707	0,61610
20	0,31850	0,04950	0,30348	0,04716	0,61668
22	0,31882	0,04959	0,30376	0,04725	0,61726
24	0,31914	0,04969	0,30403	0,04734	0,61785
26	0,31946	0,04979	0,30431	0,04743	0,61843
28	0,31978	0,04989	0,30459	0,04752	0,61901
30	0,32010	0,04998	0,30486	0,04760	0,61959
32	0,32042	0,05008	0,30514	0,04769	0,62017
34	0,32074	0,05018	0,30542	0,04778	0,62076
36	0,32106	0,05028	0,30570	0,04787	0,62134
38	0,32139	0,05038	0,30597	0,04796	0,62192
40	0 32171	0,05047	0,30625	0,04805	0,62250
42	0,32203	0,05057	0,30653	0,04814	0,62308
44	0,32235	0,05067	0,30680	0,04823	0,62366
46	0,32267	0,05077	0,30708	0,04832	0,62425
48	0,32299	0,05087	0,30736	0,04841	0,62483
50	0,32331	0,05097	0,30763	0,04849	0,62541
52	0,32363	0,05107	0,30791	0,04858	0,62599
54	0,32396	0,05116	0,30819	0,04867	0,62657
56	0,32428	0,05126	0,30846	0,04876	0,62715
58	0,32460	0,05136	0,30874	0,04885	0,62774
60	0,32492	0,05146	0,30902	0,04894	0,62832

$\alpha = 36°$

Minutos	Tangente AB	Distancia al vértice BD	Abscisa AE y semicuerda AF	Ordenada ED flecha DF	Longitud del arco ADC
	$\operatorname{tg} \frac{\alpha}{2}$	$\sec \frac{\alpha}{2} - 1$	$\operatorname{sen} \frac{\alpha}{2}$	$1 - \cos \frac{\alpha}{2}$	$\frac{\pi \alpha}{180}$
0	0,32492	0,05146	0,30902	0,04894	0,62832
2	0,32524	0,05156	0,30929	0,04903	0,62890
4	0,32556	0,05166	0,30957	0,04912	0,62948
6	0,32588	0,05176	0,30985	0,04921	0,63006
8	0,32621	0,05186	0,31012	0,04930	0,63065
10	0,32653	0,05196	0,31040	0,04939	0,63123
12	0,32685	0,05206	0,31068	0,04948	0,63181
14	0,32717	0,05216	0,31095	0,04957	0,63239
16	0,32749	0,05226	0,31123	0,04967	0,63297
18	0,32782	0,05236	0,31151	0,04976	0,63355
20	0,32814	0,05246	0,31178	0,04985	0,63414
22	0,32846	0,05256	0,31206	0,04994	0,63472
24	0,32878	0,05266	0,31233	0,05003	0,63530
26	0,32911	0,05276	0,31261	0,05012	0,63588
28	0,32943	0,05286	0,31289	0,05021	0,63646
30	0,32975	0,05297	0,31316	0,05030	0,63705
32	0,33007	0,05307	0,31344	0,05039	0,63763
34	0,33040	0,05317	0,31372	0,05048	0,63821
36	0,33072	0,05327	0,31399	0,05057	0,63879
38	0,33104	0,05337	0,31427	0,05067	0,63837
40	0,33136	0,05347	0,31454	0,05076	0,63995
42	0,33169	0,05357	0,31482	0,05085	0,64054
44	0,33201	0,05368	0,31510	0,05094	0,64112
46	0,33233	0,05378	0,31537	0,05103	0,64170
48	0,33266	0,05388	0,31565	0,05112	0,64228
50	0,33298	0,05398	0,31593	0,05122	0,64286
52	0,33330	0,05408	0,31620	0,05131	0,64344
54	0,33363	0,05419	0,31648	0,05140	0,64403
56	0,33395	0,05429	0,31675	0,05149	0,64461
58	0,33427	0,05439	0,31703	0,05158	0,64519
60	0,33460	0,05449	0,31730	0,05168	0,64577

$\alpha = 37°$

Minutos	Tangente AB	Distancia al vértice BD	Abscisa AE y semicuerda AF	Ordenada ED flecha DF	Longitud del arco ADC
	$\operatorname{tg} \frac{\alpha}{2}$	$\sec \frac{\alpha}{2} - 1$	$\operatorname{sen} \frac{\alpha}{2}$	$1 - \cos \frac{\alpha}{2}$	$\frac{\pi \alpha}{180}$
0	0,33460	0,05449	0,31730	0,05168	0,64577
2	0,33492	0,05460	0,31758	0,05177	0,64635
4	0,33524	0,05470	0,31786	0,05186	0,64694
6	0,33557	0,05480	0,31813	0,05195	0,64752
8	0,33589	0,05490	0,31841	0,05205	0,64810
10	0,33621	0,05501	0,31868	0,05214	0,64868
12	0,33654	0,05511	0,31896	0,05223	0,64926
14	0,33686	0,05521	0,31924	0,05232	0,64984
16	0,33718	0,05532	0,31951	0,05242	0,65043
18	0,33751	0,05542	0,31979	0,05251	0,65101
20	0,33783	0,05552	0,32006	0,05260	0,65159
22	0,33816	0,05563	0,32034	0,05270	0,65217
24	0,33848	0,05573	0,32061	0,05279	0,65275
26	0,33881	0,05584	0,32089	0,05288	0,65334
28	0,33913	0,05594	0,32116	0,05298	0,65392
30	0,33945	0,05604	0,32144	0,05307	0,65450
32	0,33978	0,05615	0,32171	0,05316	0,65508
34	0,34010	0,05625	0,32199	0,05326	0,65566
36	0,34043	0,05636	0,32227	0,05335	0,65624
38	0,34075	0,05646	0,32254	0,05344	0,65683
40	0,34108	0,05657	0,32282	0,05354	0,65741
42	0,34140	0,05667	0,32309	0,05363	0,65799
44	0,34173	0,05678	0,32337	0,05373	0,65857
46	0,34205	0,05688	0,32364	0,05382	0,65915
48	0,34238	0,05699	0,32392	0,05391	0,65973
50	0,34270	0,05709	0,32419	0,05401	0,66032
52	0,34303	0,05720	0,32447	0,05410	0,66090
54	0,34335	0,05730	0,32474	0,05420	0,66148
56	0,34368	0,05741	0,32502	0,05429	0,66206
58	0,34400	0,05752	0,32529	0,05439	0,66264
60	0,34433	0,05762	0,32557	0,05448	0,66323

$\alpha = 38^\circ$

Minutos	Tangente AB	Distancia al vértice BD	Abscisa AE y semicuerda AF	Ordenada ED flecha DF	Longitud del arco ADC
	$\operatorname{tg} \frac{\alpha}{2}$	$\sec \frac{\alpha}{2} - 1$	$\operatorname{sen} \frac{\alpha}{2}$	$1 - \cos \frac{\alpha}{2}$	$\frac{\pi \alpha}{180}$
0	0,34433	0,05762	0,32557	0,05448	0,66323
2	0,34465	0,05773	0,32584	0,05458	0,66381
4	0,34498	0,05783	0,32612	0,05467	0,66439
6	0,34530	0,05794	0,32639	0,05477	0,66497
8	0,34563	0,05805	0,32667	0,05486	0,66555
10	0,34595	0,05815	0,32694	0,05496	0,66613
12	0,34628	0,05826	0,32722	0,05505	0,66672
14	0,34661	0,05836	0,32749	0,05515	0,66730
16	0,34693	0,05847	0,32777	0,05524	0,66788
18	0,34726	0,05858	0,32804	0,05534	0,66846
20	0,34758	0,05869	0,32832	0,05543	0,66904
22	0,34791	0,05879	0,32859	0,05553	0,66962
24	0,34824	0,05890	0,32887	0,05562	0,67021
26	0,34856	0,05901	0,32914	0,05572	0,67079
28	0,34889	0,05911	0,32942	0,05582	0,67137
30	0,34922	0,05922	0,32969	0,05591	0,67195
32	0,34954	0,55933	0,32997	0,05601	0,67253
34	0,34987	0,05944	0,33024	0,05610	0,67312
36	0,35020	0,05955	0,33051	0,05620	0,67370
38	0,35052	0,05965	0,33079	0,05630	0,67428
40	0,35085	0,05976	0,33106	0,05639	0,67486
42	0,35118	0,05987	0,33134	0,05649	0,67544
44	0,35150	0,05998	0,33161	0,05658	0,67602
46	0,35183	0,06009	0,33189	0,05668	0,67661
48	0,35216	0,06019	0,33216	0,05678	0,67719
50	0,35248	0,06030	0,33244	0,05687	0,67777
52	0,35281	0,06041	0,33271	0,05697	0,67835
54	0,35314	0,06052	0,33298	0,05707	0,67893
56	0,35346	0,06063	0,33326	0,05716	0,67951
58	0,35379	0,06074	0,33353	0,05726	0,68010
60	0,35412	0,06085	0,33381	0,05736	0,68068

$\alpha = 39°$

Minutos	Tangente AB $\operatorname{tg} \frac{\alpha}{2}$	Distancia al vértice BD $\sec \frac{\alpha}{2} - 1$	Abscisa AE y semicuerda AF $\operatorname{sen} \frac{\alpha}{2}$	Ordenada ED flecha DF $1 - \cos \frac{\alpha}{2}$	Longitud del arco ADC $\frac{\pi \alpha}{180}$
0	0,35412	0,06085	0,33381	0,05736	0,68068
2	0,35445	0,06096	0,33408	0,05746	0,68126
4	0,35477	0,06107	0,33436	0,05755	0,68184
6	0,35510	0,06118	0,33463	0,05765	0,68242
8	0,35543	0,06129	0,33490	0,05775	0,68301
10	0,35576	0,06140	0,33518	0,05784	0,68359
12	0,35608	0,06151	0,33545	0,05794	0,68417
14	0,35641	0,06162	0,33573	0,05804	0,68475
16	0,35674	0,06173	0,33600	0,05814	0,68533
18	0,35707	0,06184	0,33627	0,05824	0,68591
20	0,35740	0,06195	0,33655	0,05833	0,68650
22	0,35772	0,06206	0,33682	0,05843	0,68708
24	0,35805	0,06217	0,33710	0,05853	0,68766
26	0,35838	0,06228	0,33737	0,05863	0,68824
28	0,35871	0,06239	0,33764	0,05873	0,68882
30	0,35904	0,06250	0,33792	0,05882	0,68941
32	0,35937	0,06261	0,33819	0,05892	0,68999
34	0,35969	0,06272	0,33846	0,05902	0,69057
36	0,36002	0,06283	0,33874	0,05912	0,69115
38	0,36035	0,06294	0,33901	0,05922	0,69173
40	0,36068	0,06306	0,33929	0,05932	0,69231
42	0,36101	0,06317	0,33956	0,05942	0,69290
44	0,36134	0,06328	0,33983	0,05951	0,69348
46	0,36167	0,06339	0,34011	0,05961	0,69406
48	0,36199	0,06350	0,34038	0,05971	0,69464
50	0,36232	0,06362	0,34065	0,05981	0,69522
52	0,36265	0,06373	0,34093	0,05991	0,69580
54	0,36298	0,06384	0,34120	0,06001	0,69639
56	0,36331	0,06395	0,34147	0,06011	0,69697
58	0,36364	0,06407	0,34175	0,06021	0,69755
60	0,36397	0,06418	0,34202	0,06031	0,69813

$\alpha = 40^{\circ}$

Minutos	Tangente *AB*	Distancia al vértice *BD*	Abscisa *AE* y semicuerda *AF*	Ordenada *ED* flecha *DF*	Longitud del arco *ADC*
	$\operatorname{tg}\frac{\alpha}{2}$	$\sec\frac{\alpha}{2} - 1$	$\operatorname{sen}\frac{\alpha}{2}$	$1 - \cos\frac{\alpha}{2}$	$\frac{\pi\alpha}{180}$
0	0,36397	0,06418	0,34202	0,06031	0,69813
2	0,36430	0,06429	0,34229	0,06041	0,69871
4	0,36463	0,06440	0,34257	0,06051	0,69930
6	0,36496	0,06452	0,34284	0,06061	0,69988
8	0,36529	0,06463	0,34311	0,06071	0,70046
10	0,36562	0,06474	0,34339	0,06081	0,70104
12	0,36595	0,06486	0,34366	0,06091	0,70162
14	0,36628	0,06497	0,34393	0,06101	0,70220
16	0,36661	0,06508	0,34421	0,06111	0,70279
18	0,36694	0,06520	0,34448	0,06121	0,70337
20	0,36727	0,06531	0,34475	0,06131	0,70395
22	0,36760	0,06542	0,34503	0,06141	0,70453
24	0,36793	0,06554	0,34530	0,06151	0,70511
26	0,36826	0,06565	0,34557	0,06161	0,70570
28	0,36859	0,06577	0,34584	0,06171	0,70628
30	0,36892	0,06588	0,34612	0,06181	0,70686
32	0,36925	0,06599	0,34639	0,06191	0,70744
34	0,36958	0,06611	0,34666	0,06201	0,70802
36	0,36991	0,06622	0,34694	0,06211	0,70860
38	0,37024	0,06634	0,34721	0,06221	0,70919
40	0,37057	0,06645	0,34748	0,06231	0,70977
42	0,37090	0,06657	0,34775	0,06241	0,71035
44	0,37123	0,06668	0,34803	0,06252	0,71093
46	0,37157	0,06680	0,34830	0,06262	0,71151
48	0,37190	0,06691	0,34857	0,06272	0,71209
50	0,37223	0,06703	0,34884	0,06282	0,71268
52	0,37256	0,06715	0,34912	0,06292	0,71326
54	0,37289	0,06726	0,34939	0,06302	0,71384
56	0,37322	0,06738	0,34966	0,06312	0,71442
58	0,37355	0,06749	0,34993	0,06323	0,71500
60	0,37388	0,06761	0,35021	0,06333	0,71558

28

$\alpha = 41°$

Minutos	Tangente AB	Distancia al vértice BD	Abscisa AE y semicuerda AF	Ordenada ED flecha DF	Longitud del arco ADC
	$\operatorname{tg}\frac{\alpha}{2}$	$\sec\frac{\alpha}{2} - 1$	$\operatorname{sen}\frac{\alpha}{2}$	$1 - \cos\frac{\alpha}{2}$	$\frac{\pi\alpha}{180}$
0	0,37388	0,06761	0,35021	0,06333	0,71558
2	0,37422	0,06773	0,35048	0,06343	0,71617
4	0,37455	0,06784	0,35075	0,06353	0,71675
6	0,37488	0,06796	0,35102	0,06363	0,71733
8	0,37521	0,06807	0,35130	0,06374	0,71791
10	0,37554	0,06819	0,35157	0,06384	0,71849
12	0,37588	0.06831	0,35184	0,06394	0,71908
14	0,37621	0,06843	0,35211	0,06404	0,71966
16	0,37654	0,06854	0,35239	0,06415	0,72024
18	0,37687	0,06866	0,35266	0,06425	0,72082
20	0,37720	0,06878	0,35293	0,06435	0,72140
22	0,37754	0,06889	0,35320	0,06445	0,72198
24	0,37787	0,06901	0,35347	0,06456	0,72257
26	0,37820	0,06913	0,35375	0,06466	0,72315
28	0,37853	0,06925	0,35402	0,06476	0,72373
30	0,37887	0,06936	0,35429	0,06486	0,72431
32	0,37920	0,06948	0,35456	0,06497	0,72489
34	0,37953	0,06960	0,35484	0,06507	0,72548
36	0,37986	0,06972	0,35511	0,06517	0,72606
38	0,38020	0,06984	0,35538	0,06528	0,72664
40	0,38053	0,06995	0,35565	0,06538	0,72722
42	0,38086	0,07007	0,35592	0,06548	0,72780
44	0,38120	0,07019	0,35619	0,06559	0,72838
46	0,38153	0,07031	0,35647	0,06569	0,72897
48	0,38186	0,07043	0,35674	0,06580	0,72955
50	0,38220	0,07055	0,35701	0,06590	0,73013
52	0,38253	0,07067	0,35728	0,06600	0,73071
54	0,38286	0,07079	0,35755	0,06611	0,73129
56	0,38320	0,07091	0,35782	0,06621	0,73187
58	0,38353	0,07103	0,35810	0,06632	0,73246
60	0,38386	0,07115	0,35837	0,06642	0,73304

$\alpha = 42^o$

Minutos	Tangente *AB*	Distancia al vértice *BD*	Abscisa *AE* y semi-cuerda *AF*	Ordenada *ED* flecha *DF*	Longitud del arco *ADC*
	$\operatorname{tg} \frac{\alpha}{2}$	$\sec \frac{\alpha}{2} - 1$	$\operatorname{sen} \frac{\alpha}{2}$	$1 - \cos \frac{\alpha}{2}$	$\frac{\pi \alpha}{180}$
0	0,38386	0,07115	0,35837	0,06642	0,73304
2	0,38420	0,07126	0,35864	0,06652	0,73362
4	0,38453	0,07138	0,35891	0,06663	0,73420
6	0,38487	0,07150	0,35918	0,06673	0,73478
8	0,38520	0,07162	0,35945	0,06684	0,73537
10	0,38553	0,07174	0,35973	0,06694	0,73595
12	0,38587	0,07187	0,36000	0,06705	0,73653
14	0,38620	0,07198	0,36027	0,06715	0,73711
16	0,38654	0,07211	0,36054	0,06726	0,73769
18	0,38687	0,07223	0,36081	0,06736	0,73827
20	0,38721	0,07235	0,36108	0,06747	0,73886
22	0,38754	0,07247	0,36135	0,06757	0,73944
24	0,38787	0,07259	0,36162	0,06768	0,74002
26	0,38821	0,07271	0,36190	0,06778	0,74060
28	0,38854	0,07283	0,36217	0,06789	0,74118
30	0,38888	0,07295	0,36244	0,06799	0,74176
32	0,38921	0,07307	0,36271	0,06810	0,74235
34	0,38955	0,07320	0,36298	0,06820	0,74293
36	0,38988	0,07332	0,36325	0,06831	0,74351
38	0,39022	0,07344	0,36352	0,06841	0,74409
40	0,39055	0,07356	0,36379	0,06852	0,74467
42	0,39089	0,07368	0,36406	0,06863	0,74526
44	0,39122	0,07380	0,36434	0,06873	0,74584
46	0,39156	0,07393	0,36461	0,06884	0,74642
48	0,39190	0,07405	0,36488	0,06894	0,74700
50	0,39223	0,07417	0,36515	0,06905	0,74758
52	0,39257	0,07429	0,36542	0,06916	0,74816
54	0,39290	0,07442	0,36569	0,06926	0,74875
56	0,39324	0,07454	0,36596	0,06937	0,74933
58	0,39357	0,07466	0,36623	0,06948	0,74991
60	0,39391	0,07479	0,36650	0,06958	0,75049

$\alpha = 43^\circ$

Minutos	Tangente *AB*	Distancia al vértice *BD*	Abscisa *AE* y semi-cuerda *AF*	Ordenada *ED* flecha *DF*	Longitud del arco *ADC*
	$\text{tg}\,\frac{\alpha}{2}$	$\sec\frac{\alpha}{2} - 1$	$\text{sen}\,\frac{\alpha}{2}$	$1 - \cos\frac{\alpha}{2}$	$\frac{\pi\,\alpha}{180}$
0	0,39391	0,07479	0,36650	0,06958	0,75049
2	0,39425	0,07491	0,36677	0,06969	0,75107
4	0,39458	0,07503	0,36704	0,06980	0,75166
6	0,39492	0,07516	0,36731	0,06990	0,75224
8	0,39526	0,07528	0,36758	0,07001	0,75282
10	0,39559	0,07540	0,36785	0,07012	0,75340
12	0,39593	0,07553	0,36812	0,07022	0,75398
14	0,39626	0,07565	0,36840	0,07033	0,75456
16	0,39660	0,07578	0,36867	0,07044	0,75515
18	0,39694	0,07590	0,36894	0,07054	0,75573
20	0,39727	0,07602	0,36921	0,07065	0,75631
22	0,39761	0,07615	0,36948	0,07076	0,75689
24	0,39795	0,07627	0,36975	0,07087	0,75747
26	0,39829	0,07640	0,37002	0,07097	0,75806
28	0,39862	0,07652	0,37029	0,07108	0,75864
30	0,39896	0,07665	0,37056	0,07119	0,75922
32	9,39930	0,07677	0,37083	0,07130	0,75980
34	0,39963	0,07690	0,37110	0,07141	0,76038
36	0,39997	0,07702	0,37137	0,07151	0,76096
38	0,40031	0,07715	0,37164	0,07162	0,76155
40	0,40065	0,07727	0,37191	0,07173	0,76213
42	0,40098	0,07740	0,37218	0,07184	0,76271
44	0,40132	0,07752	0,37245	0,07195	0,76329
46	0,40166	0,07765	0,37272	0,07205	0,76387
48	0,40200	0,07778	0,37299	0,07216	0,76445
50	0,40234	0,07790	0,37326	0,07227	0,76504
52	0,40267	0,07803	0,37353	0,07238	0,76562
54	0,40301	0,07816	0,37380	0,07249	0,76620
56	0,40335	0,07828	0,37407	0,07260	0,76678
58	0,40369	0,07841	0,37434	0,07271	0,76736
60	0,40403	0,07853	0,37461	0,07282	0,76794

$\alpha = 44^{\circ}$

Minutos	Tangente *AB* $\operatorname{tg}\frac{\alpha}{2}$	Distancia al vértice *BD* $\sec\frac{\alpha}{2} - 1$	Abscisa *AE* y semicuerda *AF* $\operatorname{sen}\frac{\alpha}{2}$	Ordenada *ED* flecha *DF* $1 - \cos\frac{\alpha}{2}$	Longitud del arco *ADC* $\frac{\pi\alpha}{180}$
0	0,40403	0,07853	0,37461	0,07282	0,76794
2	0,40436	0,07866	0,37488	0,07293	0,76853
4	0,40470	0,07879	0,37515	0,07303	0,76911
6	0,40504	0,07892	0,37542	0,07314	0,76969
8	0,40538	0,07904	0,37569	0,07325	0,77027
10	0,40572	0,07917	0,37595	0,07336	0,77085
12	0,40606	0,07930	0,37622	0,07347	0,77144
14	0,40640	0,07943	0,37649	0,07358	0,77202
16	0,40674	0,07955	0,37676	0,07369	0,77260
18	0,40707	0,07968	0,37703	0,07380	0,77318
20	0,40741	0,07981	0,37730	0,07391	0,77376
22	0,40775	0,07994	0,37757	0,07402	0,77434
24	0,40809	0,08006	0,37784	0,07413	0,77493
26	0,40843	0,08019	0,37811	0,07424	0,77551
28	0,40877	0,08032	0,37838	0,07435	0,77609
30	0,40911	0,08045	0,37865	0,07446	0,77667
32	0,40945	0,08058	0,37892	0,07457	0,77725
34	0,40979	0,08071	0,37919	0,07468	0,77784
36	0,41013	0,08084	0,37946	0,07479	0,77842
38	0,41047	0,08097	0,37973	0,07490	0,77900
40	0,41081	0,08109	0,37999	0,07501	0,77958
42	0,41115	0,08122	0,38026	0,07512	0,78016
44	0,41149	0,08135	0,38053	0,07523	0,78074
46	0,41183	0,08148	0,38080	0,07534	0,78133
48	0,41217	0,08161	0,38107	0,07545	0,78191
50	0,41251	0,08174	0,38134	0,07556	0,78249
52	0,41285	0,08187	0,38161	0,07568	0,78307
54	0,41319	0,08200	0,38188	0,07579	0,78365
56	0,41353	0,08213	0,38215	0,07890	0,78424
58	0,41387	0,08226	0,38241	0,07601	0,78482
60	0,41421	0,08239	0,38268	0,07612	0,78540

$\alpha = 45°$

Minutos	Tangente *AB*	Distancia al vértice *BD*	Abscisa *AE* y semicuerda *AF*	Ordenada *ED* flecha *DF*	Longitud del arco *ADC*
	$\operatorname{tg}\frac{\alpha}{2}$	$\sec\frac{\alpha}{2} - 1$	$\operatorname{sen}\frac{\alpha}{2}$	$1 - \cos\frac{\alpha}{2}$	$\frac{\pi\alpha}{180}$
0	0,41421	0,08239	0,38268	0,07612	0,78540
2	0,41455	0,08252	0,38295	0,07623	0,78598
4	0,41490	0,08265	0,38322	0,07634	0,78656
6	0,41524	0,08278	0,38349	0,07645	0,78714
8	0,41558	0,08291	0,38376	0,07657	0,78773
10	0,41592	0,08305	0,38403	0,07668	0,78831
12	0,41626	0,08318	0,38430	0,07679	0,78889
14	0,41660	0,08331	0,38456	0,07690	0,78947
16	0,41694	0,08344	0,38483	0,07701	0,79005
18	0,41728	0,08357	0,38510	0,07713	0,79063
20	0,41763	0,08370	0,38537	0,07724	0,79122
22	0,41797	0,08383	0,38564	0,07735	0,79180
24	0,41831	0,08397	0,38591	0,07746	0,79238
26	0,41865	0,08410	0,38617	0,07757	0,79296
28	0,41899	0,08423	0,38644	0,07769	0,79354
30	0,41933	0,08436	0,38671	0,07780	0,79413
32	0,41968	0,08449	0,38698	0,07791	0,79471
34	0,42002	0,08463	0,38725	0,07802	0,79529
36	0,42036	0,08476	0,38752	0,07814	0,79587
38	0,42070	0,08489	0,38778	0,07825	0,79645
40	0,42105	0,08503	0,38805	0,07836	0,79703
42	0,42139	0,08516	0,38832	0,07848	0,79762
44	0,42173	0,08529	0,38859	0,07859	0,79820
46	0,42207	0,08542	0,38886	0,07870	0,79878
48	0,42242	0,08556	0,38912	0,07881	0,79936
50	0,42276	0,08569	0,38939	0,07893	0,79994
52	0,42310	0,08582	0,38966	0,07904	0,80052
54	0,42344	0,08596	0,38993	0,07915	0,80111
56	0,42379	0,08609	0,39020	0,07927	0,80169
58	0,42413	0,08623	0,39046	0,07938	0,80227
60	0,42447	0,08636	0,39073	0,07950	0,80285

$\alpha = 46^{\circ}$

Minutos	Tangente AB	Distancia al vértice BD	Abscisa AE y semicuerda AF	Ordenada ED flecha DF	Longitud del arco ADC
	$\operatorname{tg}\frac{\alpha}{2}$	$\sec\frac{\alpha}{2} - 1$	$\operatorname{sen}\frac{\alpha}{2}$	$1 - \cos\frac{\alpha}{2}$	$\frac{\pi\alpha}{180}$
0	0,42447	0,08636	0,39073	0,07950	0,80285
2	0,42582	0,08649	0,39100	0,07961	0,80343
4	0,42516	0,08663	0,39127	0,07972	0,80401
6	0,42551	0,08676	0,39153	0,07984	0,80460
8	0,42585	0,08690	0,39180	0,07995	0,80518
10	0,42619	0,08703	0,39207	0,08006	0,80576
12	0,42654	0,08717	0,39234	0,08018	0,80634
14	0,42688	0,08730	0,39260	0,08029	0,80692
16	0,42722	0,08744	0,39287	0,08041	0,80751
18	0,42757	0,08757	0,39314	0,08052	0,80809
20	0,42791	0,08771	0,39341	0,08064	0,80867
22	0,42826	0,08784	0,39367	0,08075	0,80925
24	0,42860	0,08798	0,39394	0,08086	0,80983
26	0,42894	0,08811	0,39421	0,08098	0,81041
28	0,42929	0,08825	0,39448	0,08109	0,81100
30	0,42963	0,08839	0,39474	0,08121	0,81158
32	0,42998	0,08852	0,39501	0,08132	0,81216
34	0,43032	0,08866	0,39528	0,08144	0,81274
36	0,43067	0,08880	0,39555	0,08155	0,81332
38	0,43101	0,08893	0,39581	0,08167	0,81391
40	0,43136	0,08907	0,39608	0,08178	0,81449
42	0,43170	0,08920	0,39635	0,08190	0,81507
44	0,43205	0,08934	0,39661	0,08201	0,81565
46	0,43239	0,08948	0,39688	0,08213	0,81623
48	0,43274	0,08962	0,39715	0,08225	0,81681
50	0,43308	0,08975	0,39741	0,08236	0,81740
52	0,43343	0,08989	0,39768	0,08248	0,81798
54	0,43378	0,09003	0,39795	0,08259	0,81856
56	0,43412	0,09017	0,39822	0,08271	0,81914
58	0,43447	0,09030	0,39848	0,08282	0,81972
60	0,43481	0,09044	0,39875	0,08294	0,82030

$\alpha = 47^{\circ}$

Minutos	Tangente AB	Distancia al vértice BD	Abscisa AE y semicuerda AF	Ordenada ED flecha DF	Longitud del arco ADC
	$\text{tg}\ \frac{\alpha}{2}$	$\sec \frac{\alpha}{2} - 1$	$\text{sen}\ \frac{\alpha}{2}$	$1 - \cos \frac{\alpha}{2}$	$\frac{\pi \alpha}{180}$
0	0,43481	0,09044	0,39875	0,08294	0,82030
2	0,43516	0,09058	0,39902	0,08306	0,82089
4	0,43550	0,09072	0,39928	0,08317	0,82147
6	0,43585	0,09086	0,39955	0,08329	0,82205
8	0,43620	0,09099	0,39982	0,08340	0,82263
10	0,43654	0,09113	0,40008	0,08352	0,82321
12	0,43689	0,09127	0,40035	0,08364	0,82380
14	0,43724	0,09141	0,40062	0,08375	0,82438
16	0,43758	0,09155	0,40088	0,08387	0,82496
18	0,43793	0,09169	0,40155	0,08399	0,82554
20	0,43828	0,09183	0,40142	0 08410	0,82612
22	0,43862	9,09197	0,40168	0,08422	0,82670
24	0,43897	0,09210	0,40195	0,08434	0,82829
26	0,43932	0,09224	0,40221	0,08445	0,82787
28	0,43966	0,09238	0,40248	0,08457	0,82845
30	0,44001	0,09252	0,40275	0,08469	0,82903
32	0,44036	0,09266	0,40301	0,08481	0,82961
34	0,44071	0,09280	0,40328	0,08492	0,83019
36	0,44105	0,09294	0,40355	0,08504	0,83078
38	0,44140	0,09308	0,40381	0,08516	0,83136
40	0,44175	0,09322	0,40408	0,08528	0,83194
42	0,44210	0,09337	0,40434	0,08539	0,83252
44	0,44244	0,09351	0,40461	0,08551	0,83310
46	0,44279	0,09365	0,40488	0,08563	0,83369
48	0,44314	0,09379	0,40514	0,08575	0,83427
50	0,44349	0,09393	0,40541	0,08586	0,83485
52	0,44384	0,09407	0,40567	0,08598	0,83543
54	0,44418	0,09421	0,40594	0,08610	0,83601
56	0,44453	0,09435	0,40621	0,08622	0,83659
58	0,44488	0,09449	0,40647	0,08634	0,83718
60	0,44523	0,09464	0,40674	0,08645	0,83776

$\alpha = 48^{\circ}$

Minutos	Tangente AB	Distancia al vértice BD	Abscisa AE y semicuerda AF	Ordenada ED flecha DF	Longitud del arco ADC
	$\operatorname{tg} \frac{\alpha}{2}$	$\sec \frac{\alpha}{2} - 1$	$\operatorname{sen} \frac{\alpha}{2}$	$1 - \cos \frac{\alpha}{2}$	$\frac{\pi \alpha}{180}$
0	0,44523	0,09464	0,40674	0,08645	0,83776
2	0,44558	0,09478	0,40700	0,08657	0,83834
4	0,44593	0,09492	0,40727	0,08669	0,83892
6	0,44627	0,09506	0,40753	0,08681	0,83950
8	0,44662	0,09520	0,40780	0,08693	0,84009
10	0,44697	0,09535	0,40806	0,08705	0,84067
12	0,44732	0,09549	0,40833	0,08717	0,84125
14	0,44767	0,09563	0,40860	0,08728	0,84183
16	0,44802	0,09577	0,40886	0,08740	0,84241
18	0,44837	0,09592	0,40913	0,08752	0,84299
20	0,44872	0,09606	0,40939	0,08764	0,84358
22	0,44907	0,09620	0,40966	0,08776	0,84416
24	0,44942	0,09635	0,40992	0,08788	0,84474
26	0,44977	0,09649	0,41019	0,08800	0,84532
28	0,45012	0,09663	0,41045	0,08812	0,84590
30	0,45047	0,09678	0,41072	0,08824	0,84648
32	0,45082	0,09692	0,41098	0,08836	0,84707
34	0,45117	0,09707	0,41125	0,08848	0,84765
36	0,45152	0,09721	0,41151	0,08860	0,84823
38	0,45187	0,09735	0,41178	0,08872	0,84881
40	0,45222	0,09750	0,41204	0,08884	0,84939
42	0,45257	0,09764	0,41231	0,08896	0,84998
44	0,45292	0,09779	0,41257	0,08908	0,85056
46	0,45327	0,09793	0,41284	0,08920	0,85114
48	0,45362	0,09808	0,41310	0,08932	0,85172
50	0,45397	0,09822	0,41337	0,08944	0,85230
52	0,45432	0,09837	0,41363	0,08956	0,85288
54	0,45467	0,09851	0,41390	0,08968	0,85347
56	0,45502	0,09866	0,41416	0,08980	0,85405
58	0,45538	0,09880	0,41443	0,08992	0,85463
60	0,45573	0,09895	0,41469	0,09004	0,85521

$\alpha = 49^{\circ}$

Minutos	Tangente *AB* $\operatorname{tg} \frac{\alpha}{2}$	Distancia al vértice *BD* $\sec \frac{\alpha}{2} - 1$	Abscisa *AE* y semicuerda *AF* $\operatorname{sen} \frac{\alpha}{2}$	Ordenada *ED* flecha *DF* $1 - \cos \frac{\alpha}{2}$	Longitud del arco *ADC* $\frac{\pi \alpha}{180}$
0	0,45573	0,09895	0,41469	0,09004	0,85521
2	0,45608	0,09909	0,41496	0,09016	0,85579
4	0,45634	0,09924	0,41522	0,09028	0,85637
6	0,45678	0,09939	0,41549	0,09040	0,85996
8	0,45713	0,09953	0,41575	0,09052	0,85754
10	0,45748	0,09968	0,41602	0,09064	0,85812
12	0,45784	0,09982	0,41628	0,09076	0,85870
14	0,45819	0,09997	0,41655	0,09088	0,85928
16	0,45854	0,10012	0,41681	0,09101	0,85987
18	0,45889	0,10026	0,41707	0,09113	0,86045
20	0,45924	0,10041	0,41734	0,09125	0,86103
22	0,45960	0,10056	0,41760	0,09137	0,86161
24	0,45995	0,10071	0,41787	0,09149	0,86219
26	0,46030	0,10085	0,41813	0,09161	0,86277
28	0,46065	0,10100	0,41840	0,09174	0,86336
30	0,46101	0,10115	0,41866	0,09186	0,86394
32	0,46136	0,10130	0,41892	0,09198	0,86452
34	0,46171	0,10144	0,41919	0,09210	0,86510
36	0,46206	0,10159	0,41945	0,09222	0,86568
38	0,46242	0,10174	0,41972	0,09234	0,86627
40	0,46277	0,10189	0,41998	0,09247	0,86685
42	0,46312	0,10204	0,42024	0,09259	0,86743
44	0,46348	0,10218	0,42051	0,09271	0,86801
46	0,46383	0,10233	0,42077	0,09283	0,86859
48	0,46418	0,10248	0,42104	0,09296	0,86917
50	0,46454	0,10263	0,42130	0,09308	0,86976
52	0,46489	0,10278	0,42156	0,09320	0,87034
54	0,46525	0,10293	0,42183	0,09332	0,87092
56	0,46560	0,10308	0,42209	0,09345	0,87150
58	0,46595	0,10323	0,42235	0,09357	0,87208
60	0,46631	0,10338	0,42262	0,09369	0,87266

$\alpha = 50^\circ$

Minutos	Tangente AB	Distancia al vértice BD	Abscisa AE y semicuerda AF	Ordenada ED flecha DF	Longitud del arco ADC
	$\operatorname{tg} \frac{\alpha}{2}$	$\sec \frac{\alpha}{2} - 1$	$\operatorname{sen} \frac{\alpha}{2}$	$1 - \cos \frac{\alpha}{2}$	$\frac{\pi \alpha}{180}$
0	0,46631	0,10338	0,42262	0,09369	0,87266
2	0,46666	0,10353	0,42288	0,09382	0,87325
4	0,46702	0,10368	0,42315	0,09394	0,87383
6	0,46737	0,10383	0,42341	0,09406	0,87441
8	0,46773	0,10398	0,42367	0,09418	0,87499
10	0,46808	0,10413	0,42394	0,09431	0,87557
12	0,46843	0,10428	0,42420	0,09443	0,87616
14	0,46879	0,10443	0,42446	0,09455	0,87674
16	0,46914	0,10458	0,42473	0,09468	0,87732
18	0,46950	0,10473	0,42499	0,09480	0,87790
20	0,46985	0,10488	0,42525	0,09493	0,87848
22	0,47021	0,10503	0,42552	0,09505	0,87906
24	0,47056	0,10518	0,42578	0,09517	0,87965
26	0,47092	0,10534	0,42664	0,09530	0,88023
28	0,47128	0,10549	0,42631	0,09542	0,88081
30	0,47163	0,10564	0,42657	0,09554	0,88139
32	0,47199	0,10579	0,42683	0,09567	0,88197
34	0,47234	0,10594	0,42710	0,09579	0,88255
36	0,47270	0,10609	0,42736	0,09592	0,88314
38	0,47305	0,10625	0,42762	0,09604	0,88372
40	0,47341	0,10640	0,42788	0,09617	0,88430
42	0,47377	0,10655	0,42815	0,09629	0,88488
44	0,47412	0,10670	0,42841	0,09642	0,88546
46	0,47448	0,10686	0,42867	0,09654	0,88605
48	0,47483	0,10701	0,42894	0,09666	0,88663
50	0,47519	0,10716	0,42920	0,09679	0,88721
52	0,47555	0,10732	0,42946	0,09691	0,88799
54	0,47590	0,10747	0,42972	0,09704	0,88837
56	0,47626	0,10762	0,42999	0,09716	0,88895
58	0,47662	0,10777	0,43025	0,09729	0,88954
60	0,47698	0,10793	0,43051	0,09741	0,89012

$\alpha = 51^{\circ}$

Minutos	Tangente *AB* $\text{tg}\,\frac{\alpha}{2}$	Distancia al vértice *BD* $\sec\frac{\alpha}{2} - 1$	Abscisa *AE* y semicuerda *AF* $\text{sen}\,\frac{\alpha}{2}$	Ordenada *ED* flecha *DF* $1 - \cos\frac{\alpha}{2}$	Longitud del arco *ADC* $\frac{\pi\alpha}{180}$
0	0,47698	0,10793	0,43051	0,09741	0,89012
2	0,47733	0,10808	0,43077	0,09754	0,89070
4	0,47769	0,10824	0,43104	0,09767	0,89128
6	0,47805	0,10839	0,43130	0,09779	0,89186
8	0,47840	0,10854	0,43156	0,09792	0,89245
10	0,47876	0,10870	0,43182	0,09804	0,89303
12	0,47912	0,10885	0,43209	0,09817	0,89361
14	0,47948	0,10901	0,43235	0,09829	0,89419
16	0,47984	0,10916	0,43261	0,09842	0,89477
18	0,48019	0,10932	0,43287	0,09854	0,89535
20	0,48055	0,10947	0,43313	0,09867	0,89594
22	0,48091	0,10963	0,43340	0,09880	0,89652
24	0,48127	0,10978	0,43366	0,09892	0,89710
26	0,48163	0,10994	0,43392	0,09905	0,89768
28	0,48198	0,11009	0,43418	0,09918	0,89826
30	0,48234	0,11025	0,43445	0,09930	0,89884
32	0,48270	0,11041	0,43471	0,09943	0,89943
34	0,48306	0,11056	0,43497	0,09955	0,90001
36	0,48342	0,11072	0,43523	0,09968	0,90059
38	0,48378	0,11087	0,43549	0,09981	0,90117
40	0,48414	0,11103	0,43575	0,09993	0,90175
42	0,48450	0,11119	0,43602	0,10006	0,90234
44	0,48486	0,11134	0,43628	0,10019	0,90292
46	0,48521	0,11150	0,43654	0,10032	0,90350
48	0,48557	0,11166	0,43680	0,10044	0,90408
50	0,48593	0,11181	0,43706	0,10057	0,90466
52	0,48629	0,11197	0,43733	0,10070	0,90524
54	0,48665	0,11213	0,43759	0,10082	0,90583
56	0,48701	0,11229	0,43785	0,10095	0,90641
58	0,48737	0,11244	0,43811	0,10108	0,90699
60	0,48773	0,11260	0,43837	0,10121	0,90757

$\alpha = 52^\circ$

Minutos	Tangente *AB*	Distancia al vértice *BD*	Abscisa *AE* y semicuerda *AF*	Ordenada *ED* flecha *DF*	Longitud del arco *ADC*
	$\operatorname{tg} \frac{\alpha}{2}$	$\sec \frac{\alpha}{2} - 1$	$\operatorname{sen} \frac{\alpha}{2}$	$1 - \cos \frac{\alpha}{2}$	$\frac{\pi \alpha}{180}$
0	0,48773	0,11260	0,43837	0,10121	0,90757
2	0,48809	0,11276	0,43863	0,10133	0,90815
4	0,48845	0,11292	0,43889	0,10146	0,90873
6	0,48881	0,11308	0,43916	0,10159	0,90932
8	0,48917	0,11323	0,43942	0,10172	0,90990
10	0,48953	0,11339	0,43968	0,10184	0,91048
12	0,48989	0,11355	0,43994	0,10197	0,91106
14	0,49026	0,11371	0,44020	0,10210	0,91164
16	0,49062	0,11387	0,44046	0,10223	0,91223
18	0,49098	0,11403	0,44072	0,10236	0,91281
20	0,49134	0,11419	0,44098	0,10248	0,91339
22	0,49170	0,11435	0,44124	0,10261	0,91397
24	0,49206	0,11451	0,44151	0,10274	0,91455
26	0,49242	0,11467	0,44177	0,10287	0,91513
28	0,49278	0,11483	0,44203	0,10300	0,91572
30	0,49315	0,11499	0,44229	0,10313	0,91630
32	0,49351	0,11515	0,44255	0,10326	0,91688
34	0,49387	0,11531	0,44281	0,10338	0,91746
36	0,49423	0,11547	0,44307	0,10351	0,91804
38	0,49459	0,11563	0,44333	0,10364	0,91862
40	0,49495	0,11579	0,44359	0,10377	0,91921
42	0,49532	0,11595	0,44385	0,10390	0,91979
44	0,49568	0,11611	0,44411	0,10403	0,92037
46	0,49604	0,11627	0,44437	0,10416	0,92095
48	0,49640	0,11643	0,44464	0,10429	0,92153
50	0,49677	0,11659	0,44490	0,10442	0,92212
52	0,49713	0,11675	0,44516	0,10455	0,92270
54	0,49749	0,11691	0,44542	0,10468	0,92328
56	0,49786	0,11708	0,44568	0,10481	0,92386
58	0,49822	0,11724	0,44594	0,10494	0,92444
60	0,49858	0,11740	0,44620	0,10507	0,92502

$\alpha = 53°$

Minutos	Tangente *AB*	Distancia al vértice *BD*	Abscisa *AE* y semicuerda *AF*	Ordenada *ED* flecha *DF*	Longitud del arco *ADC*
	$\operatorname{tg} \frac{\alpha}{2}$	$\sec \frac{\alpha}{2} - 1$	$\operatorname{sen} \frac{\alpha}{2}$	$1 - \cos \frac{\alpha}{2}$	$\frac{\pi \alpha}{180}$
0	0,49858	0,11740	0,44620	0,10507	0,92502
2	0,49894	0,11756	0,44646	0,10520	0,92561
4	0,49931	0,11772	0,44672	0,10533	0,92619
6	0,49967	0,11789	0,44698	0,10546	0,92677
8	0,50004	0,11805	0,44724	0,10559	0,92735
10	0,50040	0,11821	0,44750	0,10572	0,92893
12	0,50076	0,11838	0,44776	0,10585	0,92852
14	0,50113	0,11854	0,44802	0,10598	0,92910
16	0,50149	0,11870	0,44828	0,10611	0,92968
18	0,50185	0,11886	0,44854	0,10624	0,93026
20	0,50222	0,11903	0,44880	0,10637	0,93084
22	0,50258	0,11919	0,44906	0,10650	0,93142
24	0,50295	0,11936	0,44932	0,10663	0,93201
26	0,50331	0,11952	0,44958	0,10676	0,93259
28	0,50368	0,11968	0,44984	0,10689	0,93317
30	0,50404	0,11985	0,45010	0,10702	0,93375
32	0,50441	0,12001	0,45036	0,10715	0,93433
34	0,50477	0,12018	0,45062	0,10728	0,93491
36	0,50514	0,12034	0,45088	0,10741	0,93550
38	0,50550	0,12050	0,45114	0,10755	0,93608
40	0,50587	0,12067	0,45140	0,10768	0,93666
42	0,50623	0,12083	0,45166	0,10781	0,93724
44	0,50660	0,12100	0,45192	0,10794	0,93782
46	0,50696	0,12117	0,45218	0,10807	0,93841
48	0,50733	0,12133	0,45243	0,10820	0,93899
50	0,50769	0,12150	0,45269	0,10833	0,03957
52	0,50806	0,12166	0,42295	0,10847	0,94015
54	0,50843	0,12183	0,45321	0,10860	0,94073
56	0,50879	0,12199	0,45347	0,10873	0,94131
58	0,50916	0,12216	0,45373	0,10886	0,94190
60	0,50953	0,12233	0,45399	0,10899	0,94248

$\alpha = 54^\circ$

Minutos	Tangente AB	Distancia al vértice BD	Abscisa AE y semicuerda AF	Ordenada ED flecha DF	Longitud del arco ADC
	$\operatorname{tg}\frac{\alpha}{2}$	$\sec\frac{\alpha}{2} - 1$	$\operatorname{sen}\frac{\alpha}{2}$	$1 - \cos\frac{\alpha}{2}$	$\frac{\pi\alpha}{180}$
0	0,50953	0,12233	0,45399	0,10899	0,94248
2	0,50989	0,12249	0,45425	0,10913	0,94306
4	0,51026	0,12266	0,45451	0,10926	0,94364
6	0,51063	0,12283	0,45477	0,10939	0,94422
8	0,51099	0,12299	0,45503	0,10952	0,94481
10	0,51136	0,12316	0,45529	0,10965	0,94539
12	0,51173	0,12333	0,45554	0,10979	0,94597
14	0,51209	0,12349	0,45580	0,10992	0,94655
16	0,51246	0,12366	0,45606	0,11005	0,94713
18	0,51283	0,12383	0,45632	0,11018	0,94771
20	0,51319	0,12400	0,45658	0,11032	0,94830
22	0,51356	0,12416	0,45684	0,11045	0,94888
24	0,51393	0,12433	0,45710	0,11058	0,94946
26	0,51430	0,12450	0,45736	0,11072	0,95004
28	0,51467	0,12467	0,45762	0,11085	0,95062
30	0,51503	0,12484	0,45787	0,11098	0,95120
32	0,51540	0,12501	0,45813	0,11112	0,95179
34	0,51577	0,12517	0,45839	0,11125	0,95237
36	0,51614	0,12534	0,45865	0,11138	0,95295
38	0,51651	0,12551	0,45891	0,11152	0,95353
40	0,51688	0,12568	0,45917	0,11165	0,95411
42	0,51724	0,12585	0,45942	0,11178	0,95470
44	0,51751	0,12602	0,45968	0,11192	0,95528
46	0,51798	0,12619	0,45994	0,11205	0,95586
48	0,51835	0,12636	0,46020	0,11218	0,95644
50	0,51872	0,12653	0,46046	0,11232	0,95702
52	0,51909	0,12670	0,46072	0,11245	0,95760
54	0,51946	0,12687	0,46097	0,11259	0,95819
56	0,51983	0,12704	0,46123	0,11272	0,95877
58	0,52020	0,12721	0,46149	0,11285	0,95935
60	0,52057	0,12738	0,46175	0,11299	0,95993

$\alpha = 55^\circ$

Minutos	Tangente AB	Distancia al vértice BD	Abscisa AE y semicuerda AF	Ordenada ED flecha DF	Longitud del arco ADC
	$\operatorname{tg} \frac{\alpha}{2}$	$\sec \frac{\alpha}{2} - 1$	$\operatorname{sen} \frac{\alpha}{2}$	$1 - \cos \frac{\alpha}{2}$	$\frac{\pi \alpha}{180}$
0	0,52057	0,12738	0,46175	0,11299	0,95993
2	0,52094	0,12755	0,46201	0,11312	0,96051
4	0,52131	0,12772	0,46226	0,11326	0,96109
6	0,52168	0,12789	0,46252	0,11339	0,96168
8	0,52205	0,12807	0,46278	0,11353	0,96226
10	0,52242	0,12824	0,46304	0,11366	0,96284
12	0,52279	0,12841	0,46330	0,11380	0,96342
14	0,52316	0,12858	0,46355	0,11393	0,96400
16	0,52353	0,12875	0,46381	0,11407	0,96458
18	0,52390	0,12892	0,46407	0,11420	0,96517
20	0,52427	0,12910	0,46433	0,11434	0,96575
22	0,52464	0,12927	0,46458	0,11447	0,96633
24	0,52501	0,12944	0,46484	0,11461	0,96691
26	0,52538	0,12961	0,46510	0,11474	0,96749
28	0,52575	0,12979	0,46536	0,11488	0,96808
30	0,52613	0,12996	0,46561	0,11501	0,96866
32	0,52650	0,13013	0,46587	0,11515	0,96924
34	0,52687	0,13031	0,46613	0,11528	0,96982
36	0,52724	0,13048	0,46639	0,11542	0,97040
38	0,52761	0,13065	0,46664	0,11555	0,97098
40	0,52798	0,13083	0,46690	0,11569	0,97157
42	0,52836	0,13100	0,46716	0,11583	0,97215
44	0,52873	0,13117	0,46742	0,11596	0,97273
46	0,52910	0,13135	0,46767	0,11610	0,97331
48	0,52947	0,13152	0,46793	0,11523	0,97389
50	0,52985	0,13170	0,46819	0,11637	0,97448
52	0,53022	0,13187	0,46884	0,11651	0,97506
54	0,53059	0,13205	0,46870	0,11664	0,97564
56	0,53096	0,13222	0,46896	0,11678	0,97622
58	0,53134	0,13240	0,46921	0,11692	0,97680
60	0,53171	0,13257	0,46947	0,11705	0,97738

$\alpha = 56^\circ$

Minutos	Tangente *AB*	Distancia al vértice *BD*	Abscisa *AE* y semicuerda *AF*	Ordenada *ED* flecha *DF*	Longitud del arco *ADC*
	$\operatorname{tg} \frac{\alpha}{2}$	$\sec \frac{\alpha}{2} - 1$	$\operatorname{sen} \frac{\alpha}{2}$	$1 - \cos \frac{\alpha}{2}$	$\frac{\pi \alpha}{180}$
0	0,53171	0,13257	0,46947	0,11705	0,97738
2	0,53208	0,13275	0,46973	0,11719	0,97797
4	0,53246	0,13292	0,46999	0,11733	0,97855
6	0,53283	0,13310	0,47024	0,11746	0,97913
8	0,53320	0,13327	0,47050	0,11760	0,97971
10	0,53358	0,13345	0,47076	0,11774	0,98029
12	0,53395	0,13362	0,47101	0,11787	0,98087
14	0,53432	0,13380	0,47127	0,11801	0,98146
16	0,53470	0,13398	0,47153	0,11815	0,98204
18	0,53507	0,13415	0,47178	0,11828	0,98262
20	0,53545	0,13433	0,47204	0,11842	0,98320
22	0,53582	0,13451	0,47229	0,11856	0,98378
24	0,53620	0,13468	0,47255	0,11870	0,98437
26	0,53657	0,13486	0,47281	0,11883	0,98495
28	0,53694	0,13504	0,47306	0,11897	0,98553
30	0,53732	0,13522	0,47332	0,11911	0,98611
32	0,53769	0,13539	0,47358	0,11925	0,98669
34	0,53807	0,13557	0,47383	0,11938	0,98727
36	0,53844	0,13575	0,47409	0,11952	0,98786
38	0,53882	0,13593	0,47434	0,11966	0,98844
40	0,53920	0,13610	0,47460	0,11980	0,98902
42	0,53957	0,13628	0,47486	0,11994	0,98960
44	0,53995	0,13646	0,47511	0,12007	0,99018
46	0,54032	0,13664	0,47537	0,12021	0,99077
48	0,54070	0,13682	0,47562	0,12035	0,99135
50	0,54107	0,13700	0,47588	0,12049	0,99193
52	0,54145	0,13718	0,47614	0,12063	0,99251
54	0,54183	0,13735	0,47639	0,12077	0,99309
56	0,54220	0,13753	0,47665	0,12090	0,99367
58	0,54258	0,13771	0,47690	0,12104	0,99426
60	0,54296	0,13789	0,47716	0,12118	0,99484

29

$\alpha = 57°$

Minutos	Tangente *AB*	Distancia al vértice *BD*	Abscisa *AE* y semicuerda *AF*	Ordenada *ED* flecha *DF*	Longitud del arco *ADC*
	$\operatorname{tg}\frac{\alpha}{2}$	$\sec\frac{\alpha}{2} - 1$	$\operatorname{sen}\frac{\alpha}{2}$	$1 - \cos\frac{\alpha}{2}$	$\frac{\pi\,\alpha}{180}$
0	0,54296	0,13789	0,47716	0,12118	0,99484
2	0,54333	0,13807	0,47741	0,12132	0,99542
4	0,54371	0,13825	0,47767	0,12146	0,99600
6	0,54409	0,13843	0,47793	0,12160	0,99658
8	0,54446	0,13861	0,47818	0,12174	0,99717
10	0,54484	0,13879	0,47844	0,12188	0,99775
12	0,54522	0,13897	0,47869	0,12202	0,99833
14	0,54560	0,13915	0,47895	0,12216	0,99891
16	0,54597	0,13934	0,47920	0,12230	0,99949
18	0,54635	0,13952	0,47946	0,12243	1,00007
20	0,54673	0,13970	0,47971	0,12257	1,00066
22	0,54711	0,13988	0,47997	0,12271	1,00124
24	0,54748	0,14006	0,48022	0,12285	1,00182
26	0,54786	0,14024	0,48048	0,12299	1,00240
28	0,54824	0,14042	0,48073	0,12313	1,00298
30	0,54862	0,14061	0,48099	0,12327	1,00356
32	0,54900	0,14079	0,48124	0,12341	1,00415
34	0,54938	0,14097	0,48150	0,12355	1,00473
36	0,54975	0,14115	0,48175	0,12369	1,00531
38	0,55013	0,14134	0,48201	0,12383	1,00589
40	0,55051	0,14152	0,48226	0,12397	1,00647
42	0,55089	0,14170	0,48252	0,12411	1,00705
44	0,55127	0,14188	0,48277	0,12425	1,00764
46	0,55165	0,14207	0,48303	0,12439	1,00822
48	0,55203	0,14225	0,48328	0,12454	1,00880
50	0,55241	0,14243	0,48354	0,12468	1,00938
52	0,55279	0,14262	0,48379	0,12482	1,00996
54	0,55317	0,14280	0,48405	0,12496	1,01055
56	0,55355	0,14299	0,48430	0,12510	1,01113
58	0,55393	0,14317	0,48456	0,12524	1,01171
60	0,55431	0,14335	0,48481	0,12538	1,01229

$\alpha = 58°$

Minutos	Tangente AB	Distancia al vértice BD	Abscisa AE y semicuerda AF	Ordenada ED flecha DF	Longitud del arco ADC
	$\mathrm{tg}\ \frac{\alpha}{2}$	$\sec \frac{\alpha}{2} - 1$	$\mathrm{sen}\ \frac{\alpha}{2}$	$1 - \cos \frac{\alpha}{2}$	$\frac{\pi \alpha}{180}$
0	0,55431	0,14335	0,48481	0,12538	1,01229
2	0,55469	0,14354	0,48506	0,12552	1,01287
4	0,55507	0,14372	0,48532	0,12566	1,01345
6	0,55545	0,14391	0,48557	0,12580	1,01404
8	0,55583	0,14409	0,48583	0,12594	1,01462
10	0,55621	0,14428	0,48608	0,12609	1,01520
12	0,55659	0,14446	0,48634	0,12623	1,01578
14	0,55697	0,14465	0,48659	0,12637	1,01636
16	0,55736	0,14483	0,48684	0,12651	1,01695
18	0,55774	0,14502	0,48710	0,12665	1,01753
20	0,55812	0,14521	0,48735	0,12679	1,01811
22	0,55850	0,14539	0,48761	0,12694	1,01869
24	0,55888	0,14558	0,48786	0,12708	1,01927
26	0,55926	0,14576	0,48811	0,12722	1,01985
28	0,55964	0,14595	0,48837	0,12736	1,02044
30	0,56003	0,14614	0,48862	0,12750	1,02102
32	0,56041	0,14632	0,48887	0,12765	1,02160
34	0,56079	0,14651	0,48913	0,12779	1,02218
36	0,56117	0,14670	0,48938	0,12793	1,02276
38	0,56156	0,14689	0,48964	0,12807	1,02334
40	0,56194	0,14707	0,48989	0,12822	1,02393
42	0,56232	0,14726	0,49014	0,12836	1,02451
44	0,56270	0,14745	0,49040	0,12850	1,02509
46	0,56309	0,14764	0,49065	0,12864	1,02567
48	0,56347	0,14782	0,49090	0,12879	1,02625
50	0,56385	0,14801	0,49116	0,12893	1,02684
52	0,56424	0,14820	0,49141	0,12907	1,02742
54	0,56462	0,14839	0,49166	0,12921	1,02800
56	0,56501	0,14858	0,49192	0,12936	1,02858
58	0,56539	0,14877	0,49217	0,12950	1,02916
60	0,56577	0,14896	0,49242	0,12964	1,02974

$\alpha = 59^\circ$

Minutos	Tangente AB	Distancia al vértice BD	Abscisa AE y semicuerda AF	Ordenada ED flecha DF	Longitud del arco ADC
	$\operatorname{tg} \frac{\alpha}{2}$	$\sec \frac{\alpha}{2} - 1$	$\operatorname{sen} \frac{\alpha}{2}$	$1 - \cos \frac{\alpha}{2}$	$\frac{\pi \alpha}{180}$
0	0,56577	0,14896	0,49242	0,12964	1,02974
2	0,56616	0,14915	0,49268	0,12979	1,03033
4	0,56654	0,14933	0,49293	0,12993	1,03091
6	0,56693	0,14952	0,49318	0,13007	1,03149
8	0,56731	0,14971	0,49344	0,13022	1,03207
10	0,56769	0,14990	0,49369	0,13036	1,03265
12	0,56808	0,15009	0,49394	0,13050	1,03323
14	0,56846	0,15028	0,49419	0,13065	1,03382
16	0,56885	0,15047	0,49445	0,13079	1,03440
18	0,56923	0,15066	0,49470	0,13094	1,03498
20	0,56962	0,15085	0,49495	0,13108	1,03550
22	0,57000	0,15104	0,49521	0,13122	1,03614
24	0,57039	0,15124	0,49546	0,13137	1,03673
26	0,57078	0,15143	0,49571	0,13151	1,03731
28	0,57116	0,15162	0,49596	0,13166	1,03789
30	0,57155	0,15181	0,49622	0,13180	1,03847
32	0,57193	0,15200	0,49647	0,13195	1,03905
34	0,57232	0,15219	0,49672	0,13209	1,03963
36	0,57271	0,15239	0,49697	0,13223	1,04022
38	0,57309	0,15258	0,49723	0,13238	1,04080
40	0,57348	0,15277	0,49748	0,13252	1,04138
42	0,57386	0,15296	0,49773	0,13267	1,04196
44	0,57425	0,15315	0,49798	0,13281	1,04254
46	0,57464	0,15335	0,49824	0,13296	1,04313
48	0,57503	0,15354	0,49849	0,13310	1,04371
50	0,57541	0,15373	0,49874	0,13325	1,04429
52	0,57580	0,15393	0,49899	0,13339	1,04487
54	0,57619	0,15412	0,49924	0,13354	1,04545
56	0,57657	0,15431	0,49950	0,13368	1,04603
58	0,57696	0,15451	0,49975	0,13383	1,04662
60	0,57735	0,15470	0,50000	0,13397	1,04720

$\alpha = 60^{\circ}$

Minutos	Tangente AB	Distancia al vértice BD	Abscisa AE y semicuerda AF	Ordenada ED flecha DF	Longitud del arco ADC
	$\operatorname{tg} \frac{\alpha}{2}$	$\sec \frac{\alpha}{2} - 1$	$\operatorname{sen} \frac{\alpha}{2}$	$1 - \cos \frac{\alpha}{2}$	$\frac{\pi \alpha}{180}$
0	0,57735	0,15470	0,50000	0,13397	1,04720
2	0,57774	0,15489	0,50025	0,13412	1,04778
4	0,57813	0,15509	0,50050	0,13427	1,04836
6	0,57851	0,15528	0,50076	0,13441	1,04894
8	0,57890	0,15548	0,50101	0,13456	1,04952
10	0,57929	0,15567	0,50126	0,13470	1,05011
12	0,57968	0,15587	0,50151	0,13485	1,05069
14	0,58007	0,15606	0,50176	0,13499	1,05127
16	0,58046	0,15626	0,50201	0,13514	1,05185
18	0,58085	0,15645	0,50227	0,13529	1,05243
20	0,58124	0,15665	0,50252	0,13543	1,05302
22	0,58162	0,15684	0,50277	0,13558	1,05360
24	0,58201	0,15704	0,50302	0,13573	1,05418
26	0,58240	0,15724	0,50327	0,13587	1,05476
28	0,58279	0,15743	0,50352	0,13602	1,05534
30	0,58318	0,15763	0,50377	0,13616	1,05592
32	0,58357	0,15782	0,50403	0,13631	1,05651
34	0,58396	0,15802	0,50428	0,13646	1,05709
36	0,58435	0,15822	0,50453	0,13660	1,05767
38	0,58474	0,15841	0,50478	0,13675	1,05825
40	0,58513	0,15861	0,50503	0,13690	1,05883
42	0,58552	0,15881	0,50528	0,13705	1,05941
44	0,58591	0,15901	0,50553	0,13719	1,06000
46	0,58631	0,15920	0,50578	0,13734	1,06058
48	0,58670	0,15940	0,50603	0,13749	1,06116
50	0,58709	0,15960	0,50628	0,13763	1,06174
52	0,58748	0,15980	0,50654	0,13778	1,06232
54	0,58787	0,16000	0,50679	0,13793	1,06291
56	0,58826	0,16020	0,50704	0,13808	1,06349
58	0,58865	0,16039	0,50729	0,13822	1,06407
60	0,58905	0,16059	0,50754	0,13837	1,06465

$\alpha = 61^\circ$

Minutos	Tangente *AB*	Distancia al vértice *BD*	Abscisa *AE* y semi-cuerda *AF*	Ordenada *ED* flecha *DF*	Longitud del arco *ADC*
	$\operatorname{tg} \frac{\alpha}{2}$	$\sec \frac{\alpha}{2} - 1$	$\operatorname{sen} \frac{\alpha}{2}$	$1 - \cos \frac{\alpha}{2}$	$\frac{\pi \alpha}{180}$
0	0,58905	0,16059	0,50754	0,13837	1,06465
2	0,58944	0,16079	0,50779	0,13852	1,06523
4	0,58983	0,16099	0,50804	0,13867	1,06581
6	0,59022	0,16119	0,50829	0,13881	1,06640
8	0,59061	0,16139	0,50854	0,13896	1,06698
10	0,59101	0,16159	0,50879	0,13911	1,06756
12	0,59140	0,16179	0,50904	0,13926	1,06814
14	0,59179	0,16199	0,50929	0,13941	1,06872
16	0,59218	0,16219	0,50954	0,13955	1,06931
18	0,59258	0,16239	0,50979	0,13970	1,06989
20	0,59297	0,16259	0,51004	0,13985	1,07047
22	0,59336	0,16279	0,51029	0,14000	1,07105
24	0,59376	0,16299	0,51054	0,14015	1,07163
26	0,59415	0,16319	0,51079	0,14030	1,07221
28	0,59454	0,16339	0,51104	0,14044	1,07280
30	0,59494	0,16359	0,51129	0,14059	1,07338
32	0,59533	0,16379	0,51154	0,14074	1,07396
34	0,59573	0,16400	0,51179	0,14089	1,07454
36	0,59612	0,16420	0,51204	0,14104	1,07512
38	0,59651	0,16440	0,51229	0,14119	1,07570
40	0,59691	0,16460	0,51254	0,14134	1,07629
42	0,59730	0,16480	0,51279	0,14149	1,07687
44	0,59770	0,16501	0,51304	0,14164	1,07745
46	0,59809	0,16521	0,51329	0,14179	1,07803
48	0,59849	0,16541	0,51354	,014194	1,07861
50	0,59888	0,16562	0,51379	0,14208	1,07919
52	0,59928	0,16582	0,51404	0,14223	1,07978
54	0,59967	0,16602	0,51429	0,14238	1,08036
56	0,60007	0,16623	0,51454	0,14253	1,08094
58	0,60046	0,16643	0,51479	0,14268	1,08152
60	0,60086	0,16663	0,51504	0,14283	1,08210

$\alpha = 62°$					
Minutos	Tangente *AB*	Distancia al vértice *BD*	Abscisa *AE* y semicuerda *AF*	Ordenada *ED* flecha *DF*	Longitud del arco *ADC*
	$\operatorname{tg} \frac{\alpha}{2}$	$\sec \frac{\alpha}{2} - 1$	$\operatorname{sen} \frac{\alpha}{2}$	$1 - \cos \frac{\alpha}{2}$	$\frac{\pi \alpha}{180}$
0	0,60086	0,16663	0,51504	0,14283	1,08210
2	0,60126	0,16684	0,51529	0,14298	1,08269
4	0,60165	0,16704	0,51554	0,14313	1,08327
6	0,60205	0,16725	0,51579	0,14328	1,08385
8	0,60245	0,16745	0,51604	0,14343	1,08443
10	0,60284	0,16766	0,51628	0,14358	1,08501
12	0,60324	0,16786	0,51653	0,14373	1,08559
14	0,60364	0,16807	0,51678	0,14388	1,08618
16	0,60403	0,16827	0,51703	0,14403	1,08676
18	0,60443	0,16848	0,51728	0,14418	1,08734
20	0,60483	0,16868	0,51753	0,14433	1,08792
22	0,60522	0,16889	0,51778	0,14449	1,08850
24	0,60562	0,16909	0,51803	0,14464	1,08909
26	0,60602	0,16930	0,51828	0,14479	1,08967
28	0,60642	0,16950	0,51852	0,14494	1,09025
30	0,60681	0,16971	0,51877	0,14509	1,09083
32	0,60721	0,16992	0,51902	0,14524	1,09141
34	0,60761	0,17012	0,51927	0,14539	1,09199
36	0,60801	0,17033	0,51952	0,14554	1,09258
38	0,60841	0,17054	0,51977	0,14569	1,09316
40	0,60881	0,17075	0,52002	0,14584	1,09374
42	0,60921	0,17095	0,52026	0,14599	1,09432
44	0,60960	0,17116	0,52051	0,14615	1,09490
46	0,61000	0,17137	0,52076	0,14630	1,09549
48	0,61040	0,17158	0,52101	0,14645	1,09607
50	0,61080	0,17178	0,52126	0,14660	1,09665
52	0,61120	0,17199	0,52151	0,14675	1,09723
54	0,61160	0,17220	0,52175	0,14690	1,09781
56	0,61200	0,17241	0,52200	0,14706	1,09839
58	0,61240	0,17262	0,52225	0,14721	1,09898
60	0,61280	0,17283	0,52250	0,14736	1,09956

$\alpha = 63^{\circ}$

Minutos	Tangente AB	Distancia al vértice BD	Abscisa AE y semicuerda AF	Ordenada ED flecha DF	Longitud del arco ADC
	$\operatorname{tg} \frac{\alpha}{2}$	$\sec \frac{\alpha}{2} - 1$	$\operatorname{sen} \frac{\alpha}{2}$	$1 - \cos \frac{\alpha}{2}$	$\frac{\pi \alpha}{180}$
0	0,61280	0,17283	0,52250	0,14736	1,09956
2	0,61320	0,17304	0,52275	0,14751	1,10014
4	0,61360	0,17325	0,52299	0,14766	1,10072
6	0,61400	0,17346	0,52324	0,14782	1,10130
8	0,61440	0,17367	0,52349	0,14797	1,10188
10	0,61480	0,17387	0,52374	0,14812	1,10247
12	0,61520	0,17408	0,52399	0,14827	1,10305
14	0,61561	0,17430	0,52423	0,14843	1,10363
16	0,61601	0,17451	0,52448	0,14858	1,10421
18	0,61641	0,17472	0,52473	0,14873	1,10479
20	0,61681	0,17493	0,52498	0,14888	1,10538
22	0,61721	0,17514	0,52522	0,14904	1,10596
24	0,61761	0,17535	0,52547	0,14919	1,10654
26	0,61801	0,17556	0,52572	0,14934	1,10712
28	0,61842	0,17577	0,52597	0,14949	1,10770
30	0,61882	0,17598	0,52621	0,14965	1,10828
32	0,61922	0,17620	0,52646	0,14980	1,10887
34	0,61962	0,17641	0,52671	0,14995	1,10945
36	0,62003	0,17662	0,52696	0,15011	1,11003
38	0,62043	0,17683	0,52720	0,15026	1,11061
40	0,62083	0,17704	0,52745	0,15041	1,11119
42	0,62124	0,17726	0,52770	0,15057	1,11177
44	0,62164	0,17747	0,52794	0,15072	1,11236
46	0,62204	0,17768	0,52819	0,15087	1,11294
48	0,62245	0,17790	0,52844	0,15103	1,11352
50	0,62285	0,17811	0,52869	0,15118	1,11410
52	0,62325	0,17832	0,52893	0,15134	1,11468
54	0,62366	0,17854	0,52918	0,15149	1,11527
56	0,62406	0,17875	0,52943	0,15164	1,11585
58	0,62447	0,17896	0,52967	0,15180	1,11643
60	0,62487	0,17918	0,52992	0,15195	1,11701

$\alpha = 64^\circ$

Minutos	Tangente AB	Distancia al vértice BD	Abscisa AE y semicuerda AF	Ordenada ED flecha DF	Longitud del arco ADC
	$\operatorname{tg} \frac{\alpha}{2}$	$\sec \frac{\alpha}{2} - 1$	$\operatorname{sen} \frac{\alpha}{2}$	$1 - \cos \frac{\alpha}{2}$	$\frac{\pi \alpha}{180}$
0	0,62487	0,17918	0,52992	0,15195	1,11701
2	0,62527	0,17939	0,53017	0,15211	1,11759
4	0,62568	0,17961	0,53041	0,15226	1,11817
6	0,62608	0,17982	0,53066	0,15241	1,11876
8	0,62649	0,18004	0,53091	0,15257	1,11934
10	0,62689	0,18025	0,53115	0,15272	1,11992
12	0,62730	0,18047	0,53140	0,15288	1,12050
14	0,62770	0,18068	0,53165	0,15303	1,12108
16	0,62811	0,18090	0,53189	0,15319	1,12167
18	0,62852	0,18111	0,53214	0,15334	1,12225
20	0,62892	0,18133	0,53238	0,15350	1,12283
22	0,62933	0,18155	0,53263	0,15365	1,12341
24	0,62973	0,18176	0,53288	0,15381	1,12399
26	0,63014	0,18198	0,53312	0,15396	1,12457
28	0,63055	0,18220	0,53337	0,15412	1,12516
30	0,63095	0,18241	0,53361	0,15427	1,12574
32	0,63136	0,18263	0,53386	0,15443	1,12632
34	0,63177	0,18285	0,53411	0,15458	1,12690
36	0,63217	0,18307	0,53435	0,15475	1,12748
38	0,63258	0,18328	0,53460	0,15489	1,12807
40	0,63299	0,18350	0,53484	0,15505	1,12865
42	0,63340	0,18372	0,53509	0,15520	1,12923
44	0,63380	0,18394	0,53534	0,15536	1,12981
46	0,63421	0,18416	0,53558	0,15552	1,13039
48	0,63462	0,18437	0,53583	0,15567	1,13097
50	0,63503	0,18459	0,53607	0,15583	1,13156
52	0,63544	0,18481	0,53632	0,15598	1,13214
54	0,63584	0,18503	0,53656	0,15614	1,13272
56	0,63625	0,18525	0,53681	0,15630	1,13330
58	0,63666	0,18547	0,53705	0,15645	1,13388
60	0,63707	0,18569	0,53730	0,15661	1,13446

$\alpha = 65°$

Minutos	Tangente *AB*	Distancia al vértice *BD*	Abscisa *AE* y semicuerda *AF*	Ordenada *ED* flecha *DF*	Longitud del arco *ADC*
	$\operatorname{tg} \frac{\alpha}{2}$	$\sec \frac{\alpha}{2} - 1$	$\operatorname{sen} \frac{\alpha}{2}$	$1 - \cos \frac{\alpha}{2}$	$\frac{\pi \alpha}{180}$
0	0,63707	0,18569	0,53730	0,15661	1,13446
2	0,63748	0,18591	0,53755	0,15676	1,13505
4	0,63789	0,18613	0,53779	0,15692	1,13563
6	0,63830	0,18635	0,53804	0,15708	1,13621
8	0,63871	0,18657	0,53828	0,15723	1,13679
10	0,63912	0,18679	0,53853	0,15739	1,13737
12	0,63953	0,18701	0,53877	0,15755	1,13795
14	0,63994	0,18723	0,53902	0,15770	1,13854
16	0,64035	0,18745	0,53926	0,15786	1,13912
18	0,64076	0,18767	0,53951	0,15802	1,13970
20	0,64117	0,18790	0,53975	0,15818	1,14028
22	0,64158	0,18812	0,54000	0,15833	1,14086
24	0,64199	0,18834	0,54024	0,15849	1,14145
26	0,64240	0,18856	0,54049	0,15865	1,14203
28	0,64281	0,18878	0,54073	0,15880	1,14261
30	0,64322	0,18901	0,54097	0,15896	1,14319
32	0,64363	0,18923	0,54122	0,15912	1,14377
34	0,64404	0,18945	0,54146	0,15928	1,14435
36	0,64446	0,18967	0,54171	0,15943	1,14494
38	0,64487	0,18990	0,54195	0,15959	1,14552
40	0,64528	0,19012	0,54220	0,15975	1,14610
42	0,64569	0,19034	0,54244	0,15991	1,14668
44	0,64610	0,19057	0,54269	0,16006	1,14726
46	0,64652	0,19079	0,54293	0,16022	1,14785
48	0,64693	0,19102	0,54317	0,16038	1,14843
50	0,64734	0,19124	0,54342	0,16054	1,14901
52	0,64775	0,19146	0,54366	0,16070	1,14959
54	0,64817	0,19169	0,54391	0,16085	1,15017
56	0,64858	0,19191	0,54415	0,16101	1,15075
58	0,64899	0,18214	0,54440	0,16117	1,15134
60	0,64941	0,19236	0,54464	0,16133	1,15192

$\alpha = 66°$

Minutos	Tangente *AB*	Distancia al vértice *BD*	Abscisa *AE* y semicuerda *AF*	Ordenada *ED* flecha *DF*	Longitud del arco *ADC*
	$\operatorname{tg} \frac{\alpha}{2}$	$\sec \frac{\alpha}{2} - 1$	$\operatorname{sen} \frac{\alpha}{2}$	$1 - \cos \frac{\alpha}{2}$	$\frac{\pi \alpha}{180}$
0	0,64941	0,19236	0,54464	0,16133	1,15192
2	0,64982	0,19259	0,54488	0,16149	1,15250
4	0,65024	0,19281	0,54513	0,16165	1,15308
6	0,65065	0,19304	0,54537	0,16180	1,15366
8	0,65106	0,19327	0,54561	0,16196	1,15424
10	0,65148	0,19349	0,54586	0,16212	1,15483
12	0,65189	0,19372	0,54610	0,16228	1,15541
14	0,65231	0,19394	0,54635	0,16244	1,15599
16	0,65272	0,19417	0,54659	0,16260	1,15657
18	0,65314	0,19440	0,54683	0,16276	1,15715
20	0,65355	0,19463	0,54708	0,16292	1,15774
22	0,65397	0,19485	0,54732	0,16308	1,15832
24	0,65438	0,19508	0,54756	0,16324	1,15890
26	0,65480	0,19531	0,54781	0,16339	1,15948
28	0,65521	0,19554	0,54805	0,16355	1,16006
30	0,65563	0,19576	0,54829	0,16371	1,16064
32	0,65604	0,19599	0,54854	0,16387	1,16123
34	0,65646	0,19622	0,54878	0,16403	1,16181
36	0,65688	0,19645	0,54902	0,16419	1,16239
38	0,65729	0,19668	0,54927	0,16435	1,16297
40	0,65771	0,19691	0,54951	0,16451	1,16355
42	0,65813	0,19713	0,54975	0,16467	1,16413
44	0,65854	0,19736	0,54999	0,16483	1,16472
46	0,65896	0,19759	0,55024	0,16499	1,16530
48	0,65938	0,19782	0,55048	0,16515	1,16588
50	0,65980	0,19805	0,55072	0,16531	1,16646
52	0,66021	0,19828	0,55097	0,16547	1,16704
54	0,66063	0,19851	0,55121	0,16563	1,16763
56	0,66105	0,19874	0,55145	0,16579	1,16821
58	0,66147	0,19897	0,55169	0,16595	1,16879
60	0,66189	0,19920	0,55194	0,16611	1,16937

$\alpha = 67°$

Minutos	Tangente *AB*	Distancia al vértice *BD*	Abscisa *AE* y semicuerda *AF*	Ordenada *ED* flecha *DF*	Longitud del arco *ADC*
	$\operatorname{tg} \frac{\alpha}{2}$	$\sec \frac{\alpha}{2} - 1$	$\operatorname{sen} \frac{\alpha}{2}$	$1 - \cos \frac{\alpha}{2}$	$\frac{\pi \alpha}{180}$
0	0,66189	0,19920	0,55194	0,16611	1,16937
2	0,66230	0,19944	0,55218	0,16627	1,16995
4	0,66272	0,19967	0,55242	0,16644	1,17053
6	0,66314	0,19990	0,55266	0,16660	1,17112
8	0,66356	0,20013	0,55291	0,16676	1,17170
10	0,66398	0,20036	0,55315	0,16692	1,17228
12	0,66440	0,20059	0,55339	0,16708	1,17286
14	0,66482	0,20083	0,55363	0,16724	1,17344
16	0,66524	0,20106	0,55388	0,16740	1,17403
18	0,66566	0,20129	0,55412	0,16756	1,17461
20	0,66608	0,20152	0,55436	0,16772	1,17519
22	0,66650	0,20176	0,55460	0,16788	1,17577
24	0,66692	0,20199	0,55484	0,16805	1,17635
26	0,66734	0,20222	0,55509	0,16821	1,17693
28	0,66776	0,20246	0,55533	0,16837	1,17752
30	0,66818	0,20269	0,55557	0,16853	1,17810
32	0,66860	0,20292	0,55581	0,16869	1,17868
34	0,66902	0,20316	0,55605	0,16885	1,17926
36	0,66944	0,20339	0,55630	0,16902	1,17984
38	0,66986	0,20363	0,55654	0,16918	1,18042
40	0,67028	0,20386	0,55678	0,16934	1,18101
42	0,67071	0,20410	0,55702	0,16950	1,18159
44	0,67113	0,20433	0,55726	0,16966	1,18217
46	0,67155	0,20457	0,55750	0,16983	1,18275
48	0,67197	0,20480	0,55775	0,16999	1,18333
50	0,67239	0,20504	0,55799	0,17015	1,18392
52	0,67282	0,20527	0,55823	0,17031	1,18450
54	0,67324	0,20551	0,55847	0,17047	1,18508
56	0,67366	0,20575	0,55871	0,17064	1,18566
58	0,67409	0,20598	0,55895	0,17080	1,18624
60	0,67451	0,20622	0,55919	0,17096,	1,18682

$\alpha = 68^\circ$

Minutos	Tangente *AB*	Distancia al vértice *BD*	Abscisa *AE* y semicuerda *AF*	Ordenada *ED* flecha *DF*	Longitud del arco *ADC*
	$\operatorname{tg} \frac{\alpha}{2}$	$\sec \frac{\alpha}{2} - 1$	$\operatorname{sen} \frac{\alpha}{2}$	$1 - \cos \frac{\alpha}{2}$	$\frac{\pi \alpha}{180}$
0	0,67451	0,20622	0,55919	0,17096	1,18682
2	0,67493	0,20645	0,55943	0,17113	1,18741
4	0,67536	0,20669	0,55968	0,17129	1,18799
6	0,67578	0,20693	0,55992	0,17145	1,18857
8	0,67620	0,20717	0,56016	0,17161	1,18915
10	0,67663	0,20740	0,56040	0,17178	1,18973
12	0,67705	0,20764	0,56064	0,17194	1,19031
14	0,67748	0,20788	0,56088	0,17210	1,19090
16	0,67790	0,20812	0,56112	0,17227	1,19148
18	0,67832	0,20836	0,56136	0,17243	1,19206
20	0,67875	0,20859	0,56160	0,17259	1,19264
22	0,67917	0,20883	0,56184	0,17276	1,19322
24	0,67960	0,20907	0,56208	0,17292	1,19381
26	0,68002	0,20931	0,56232	0,17308	1,19439
28	0,68045	0,20955	0,56256	0,17325	1,19497
30	0,68088	0,20979	0,56281	0,17341	1,19555
32	0,68130	0,21003	0,56305	0,17357	1,19613
34	0,68173	0,21027	0,56329	0,17374	1,19671
36	0,68215	0,21051	0,56353	0,17390	1,19730
38	0,68258	0,21075	0,56377	0,17407	1,19788
40	0,68301	0,21099	0,56401	0,17423	1,19846
42	0,68343	0,21123	0,56425	0,17439	1,19904
44	0,68386	0,21147	0,56449	0,17456	1,19962
46	0,68429	0,21171	0,56473	0,17472	1,20021
48	0,68471	0,21195	0,56497	0,17489	1,20079
50	0,68514	0,21220	0,56521	0,17505	1,20137
52	0,68557	0,21244	0,56545	0,17522	1,20195
54	0,68600	0,21268	0,56569	0,17538	1,20253
56	0,68642	0,21292	0,56593	0,17554	1,20311
58	0,68685	0,21316	0,56617	0,17571	1,20370
60	0,68728	0,21341	0,56641	0,17587	1,20428

$\alpha = 69^\circ$

Minutos	Tangente *AB*	Distancia al vértice *BD*	Abscisa *AE* y semicuerda *AF*	Ordenada *ED* flecha *DF*	Longitud del arco *ADC*
	$\operatorname{tg} \frac{\alpha}{2}$	$\sec \frac{\alpha}{2} - 1$	$\operatorname{sen} \frac{\alpha}{2}$	$1 - \cos \frac{\alpha}{2}$	$\frac{\pi \alpha}{180}$
0	0,68728	0,21341	0,56641	0,17587	1,20428
2	0,68771	0,21365	0,56665	0,17604	1,20486
4	0,68814	0,21389	0,56689	0,17620	1,20544
6	0,68857	0,21413	0,56713	0,17637	1.20602
8	0,68900	0,21438	0,56736	0,17653	1,20660
10	0,68942	0,21462	0,56760	0,17670	1,20719
12	0,68985	0,21487	0,56784	0,17686	1,20777
14	0,69028	0,21511	0,56808	0,17703	1,20835
16	0,69071	0,21535	0,56832	0,17719	1,20893
18	0,69114	0,21560	0,56856	0,17736	1,20951
20	0,69157	0,21584	0,56880	0,17752	1,21009
22	0,69200	0,21609	0,56904	0,17769	1,21068
24	0,69243	0,21633	0,56928	0,17786	1,21126
26	0,69286	0,21658	0,56952	0,17802	1,21184
28	0,69329	0,21682	0,56976	0,17819	1,21242
30	0,69372	0,21707	0,57000	0,17835	1,21300
32	0,69416	0,21731	0,57024	0,17852	1,21359
34	0,69458	0,21756	0,57047	0,17868	1,21417
36	0,69502	0,21781	0,57071	0,17885	1,21475
38	0,69545	0,21805	0,57095	0,17902	1,21533
40	0,69588	0,21830	0,57119	0,17918	1,21591
42	0,69631	0,21855	0,57143	0,17935	1,21649
44	0,69675	0,21879	0,57167	0,17952	1,21708
46	0,69718	0,21904	0,57191	0,17968	1,21766
48	0,69761	0,21929	0,57215	0,17985	1,21824
50	0,69804	0,21953	0,57238	0,18001	1,21882
52	0,69847	0,21978	0,57262	0,18018	1,21940
54	0,69891	0,22003	0,57286	0,18035	1,21999
56	0,69934	0,22028	0,57310	0,18051	1,22057
58	0,69977	0,22053	0,57334	0,18068	1,22115
60	0,70021	0,22078	0,57358	0,18085	1,22173

$\alpha = 70°$

Minutos	Tangente *AB* $\operatorname{tg} \frac{\alpha}{2}$	Distancia al vértice *BD* $\sec \frac{\alpha}{2} - 1$	Abscisa *AE* y semi-cuerda *AF* $\operatorname{sen} \frac{\alpha}{2}$	Ordenada *ED* flecha *DF* $1 - \cos \frac{\alpha}{2}$	Longitud del arco *ADC* $\frac{\pi \alpha}{180}$
0	0,70021	0,22078	0,57358	0,18085	1,22173
2	0,70064	0,22102	0,57381	0,18101	1,22231
4	0,70107	0,22127	0,57405	0,18118	1,22289
6	0,70151	0,22152	0,57429	0,18135	1,22348
8	0,70194	0,22177	0,57453	0,18152	1,22406
10	0,70238	0,22202	0,57477	0,18168	1,22464
12	0,70281	0,22227	0,57501	0,18185	1,22522
14	0,70325	0,22252	0,57524	0,18202	1,22580
16	0,70368	0,22277	0,57548	0,18218	1,22638
18	0,70412	0,22302	0,57572	0,18235	1,22697
20	0,70455	0,22327	0,57596	0,18252	1,22755
22	0,70499	0,22352	0,57619	0,18269	1,22813
24	0,70542	0,22377	0,57643	0,18286	1,22871
26	0,70586	0,22402	0,57667	0,18302	1,22929
28	0,70629	0,22428	0,57691	0,18319	1,22988
30	0,70673	0,22453	0,57715	0,18336	1,23046
32	0,70717	0,22478	0,57738	0,18353	1,23104
34	0,70760	0,22503	0,57762	0,18369	1,23162
36	0,70804	0,22528	0,57786	0,18386	1,23220
38	0,70848	0,22554	0,57809	0,18403	1,23278
40	0,70891	0,22579	0,57833	0,18420	1,23337
42	0,70935	0,22604	0,57857	0,18437	1,23395
44	0,70979	0,22629	0,57881	0,18454	1,23453
46	0,71023	0,22655	0,57904	0,18470	1,23511
48	0,71066	0,22680	0,57928	0,18487	1,23569
50	0,71110	0,22706	0,57952	0,18504	1,23627
52	0,71154	0,22731	0,57976	0,18521	1,23686
54	0,71198	0,22756	0,57999	0,18538	1,23744
56	0,71242	0,22782	0,58023	0,18555	1,23802
58	0,71285	0,22807	0,58047	0,18572	1,23860
60	0,71329	0,22833	0,58070	0,18588	1,23918

$\alpha = 71^\circ$

Minutos	Tangente AB	Distancia al vértice BD	Abscisa AE y semicuerda AF	Ordenada ED flecha DF	Longitud del arco ADC
	$\operatorname{tg} \frac{\alpha}{2}$	$\sec \frac{\alpha}{2} - 1$	$\operatorname{sen} \frac{\alpha}{2}$	$1 - \cos \frac{\alpha}{2}$	$\frac{\pi \alpha}{180}$
0	0,71329	0,22833	0,58070	0,18588	1,23918
2	0,71373	0,22858	0,58094	0,18605	1,23977
4	0,71417	0,22884	0,58118	0,18622	1,24035
6	0,71461	0,22909	0,58141	0,18639	1,24093
8	0,71505	0,22935	0,58165	0,18656	1,24151
10	0,71549	0,22960	0,58189	0,18673	1,24209
12	0,71593	0,22986	0,58212	0,18690	1,24267
14	0,71637	0,23012	0,58236	0,18707	1,24326
16	0,71681	0,23037	0,58260	0,18724	1,24384
18	0,71725	0,23063	0,58283	0,18741	1,24442
20	0,71769	0,23089	0,58307	0,18758	1,24500
22	0,71813	0,23114	0,58331	0,18775	1,24558
24	0,71857	0,23140	0,58354	0,18792	1,34617
26	0,71901	0,23166	0,58378	0,18809	1,24675
28	0,71946	0,23192	0,58401	0,18826	1,24733
30	0,71990	0,23217	0,58425	0,18843	1,24791
32	0,72034	0,23243	0,58449	0,18860	1,24849
34	0,72078	0,23269	0,58472	0,18877	1,24907
36	0,72122	0,23295	0,58496	0,18894	1,24966
38	0,72167	0,23321	0,58519	0,18911	1,25024
40	0,72211	0,23347	0,58543	0,18928	1,25082
42	0,72255	0,23373	0,58567	0,18945	1,25140
44	0,72299	0,23398	0,58590	0,18962	1,25198
46	0,72344	0,23424	0,58614	0,18979	1,25257
48	0,72388	0,23450	0,58637	0,18996	1,25315
50	0,72432	0,23476	0,58661	0,19013	1,25373
52	0,72477	0,23502	0,58684	0,19030	1,25431
54	0,72521	0,23529	0,58708	0,19047	1,25489
56	0,72565	0,23555	0,58731	0,19064	1,25547
58	0,72610	0,23581	0,58755	0,19081	1,25706
60	0,72654	0,23607	0,58779	0,19098	1,25664

$\alpha = 72^{\circ}$

Minutos	Tangente AB	Distancia al vértice BD	Abscisa AE y semi-cuerda AF	Ordenada ED flecha DF	Longitud del arco ADC
	$\operatorname{tg} \frac{\alpha}{2}$	$\sec \frac{\alpha}{2} - 1$	$\operatorname{sen} \frac{\alpha}{2}$	$1 - \cos \frac{\alpha}{2}$	$\frac{\pi \alpha}{180}$
0	0,72654	0,23607	0,58779	0,19098	1,25664
2	0,72699	0,23633	0,58802	0,19115	1,25722
4	0,72743	0,23659	0,58826	0,19133	1,25780
6	0,72788	0,23685	0,58849	0,19150	1,25838
8	0,72832	0,23711	0,58873	0,19167	1,25896
10	0,72877	0,23738	0,58896	0,19184	1,25955
12	0,72921	0,23764	0,58920	0,19201	1,26013
14	0,72966	0,23790	0,58943	0,19218	1,26071
16	0,73010	0,23816	0,58967	0,19235	1,26129
18	0,73055	0,23843	0,58990	0,19252	1,26187
20	0,73100	0,23869	0,59014	0,19270	1,26245
22	0,73144	0,23895	0,59037	0,19287	1,26304
24	0,73189	0,23922	0,59061	0,19304	1,16362
26	0,73234	0,23948	0,59084	0,19321	1,26420
28	0,73278	0,23975	0,59108	0,19338	1,26478
30	0,73323	0,24001	0,59131	0,19356	1,26536
32	0,73368	0,24028	0,59154	0,19373	1,26595
34	0,73413	0,24054	0,59178	0,19390	1,26653
36	0,73457	0,24081	0,59201	0,19407	1,26711
38	0,73502	0,24107	0,59225	0,19424	1,26769
40	0,73547	0,24134	0,59248	0,19442	1,26827
42	0,73592	0,24160	0,59272	0,19459	1,26885
44	0,73637	0,24187	0,59295	0,19476	1,26944
46	0,73681	0,24213	0,59318	0,19493	1,27002
48	0,73726	0,24240	0,59342	0,19511	1,27060
50	0,73771	0,24267	0,59365	0,19528	1,27118
52	0,73816	0,24293	0,59389	0,19545	1,27176
54	0,73861	0,24320	0,59412	0,19562	1,27235
56	0,73906	0,24347	0,59435	0,19580	1,27293
58	0,73951	0,24373	0,59459	0,19597	1,27351
60	0,73996	0,24400	0,59482	0,19614	1,27409

30

$\alpha = 73°$

Minutos	Tangente *AB*	Distancia al vértice *BD*	Abscisa *AE* y semicuerda *AF*	Ordenada *ED* flecha *DF*	Longitud del arco *ADC*
	$\operatorname{tg}\frac{\alpha}{2}$	$\sec\frac{\alpha}{2} - 1$	$\operatorname{sen}\frac{\alpha}{2}$	$1 - \cos\frac{\alpha}{2}$	$\frac{\pi\alpha}{180}$
0	0,73996	0,24400	0,59482	0,19614	1,27409
2	0,74041	0,24427	0,59506	0,19632	1,27467
4	0,74086	0,24454	0,59529	0,19649	1,27525
6	0,74131	0,24481	0,59552	0,19666	1,27584
8	0,74176	0,24508	0,59576	0,19684	1,27642
10	0,74221	0,24534	0,59599	0,19701	1,27700
12	0,74267	0,24561	0,59622	0,19718	1,27758
14	0,74312	0,24588	0,59646	0,19736	1,27816
16	0,74357	0,24615	0,59669	0,19753	1,27874
18	0,74402	0,24642	0,59693	0,19770	1,27933
20	0,74447	0,24669	0,59716	0,19788	1,27991
22	0,74492	0,24696	0,59739	0,19805	1,28049
24	0,74538	0,24723	0,59763	0,19822	1,28107
26	0,74583	0,24750	0,59786	0,19840	1,28165
28	0,74628	0,24777	0,59809	0,19857	1,28224
30	0,74674	0,24804	0,59832	0,19875	1,28282
32	0,74719	0,24831	0,59856	0,19892	1,28340
34	0,74764	0,24859	0,59879	0,19909	1,28398
36	0,74810	0,24886	0,59902	0,19927	1,28456
38	0,74855	0,24913	0,59926	0,19944	1,28514
40	0,74900	0,24940	0,59949	0,19962	1,28573
42	0,74946	0,24967	0,59972	0,19979	1,28631
44	0,74991	0,24995	0,59995	0,19997	1,28689
46	0,75037	0,25022	0,60019	0,20014	1,28747
48	0,75082	0,25049	0,60042	0,20032	1,28805
50	0,75128	0,25077	0,60065	0,20049	1,28863
52	0,75173	0,25104	0,60089	0,20066	1,28922
54	0,75219	0,25131	0,60112	0,20084	1,28980
56	0,75264	0,25159	0,60135	0,20101	1,29038
58	0,75310	0,25186	0,60158	0,20119	1,29096
60	0,75355	0,25214	0,60182	0,20136	1,29154

$\alpha = 74°$

Minutos	Tangente *AB*	Distancia al vértice *BD*	Abscisa *AE* y semicuerda *AF*	Ordenada *ED* flecha *DF*	Longitud del arco *ADC*
	$\operatorname{tg} \frac{\alpha}{2}$	$\sec \frac{\alpha}{2} - 1$	$\operatorname{sen} \frac{\alpha}{2}$	$1 - \cos \frac{\alpha}{2}$	$\frac{\pi \alpha}{180}$
0	0,75355	0,25214	0,60182	0,20136	1,29154
2	0,75401	0,25241	0,60205	0,20154	1,29213
4	0,75447	0,25269	0,60228	0,20171	1,29271
6	0,75492	0,25296	0,60251	0,20189	1,29329
8	0,75538	0,25323	0,60274	0,20207	1,29387
10	0,75584	0,25351	0,60298	0,20224	1,29445
12	0,75629	0,25379	0,60321	0,20242	1,29503
14	0,75675	0,25406	0,60344	0,20259	1,29562
16	0,75721	0,25434	0,60367	0,20277	1,29620
18	0,75767	0,25462	0,60390	0,20294	1,29678
20	0,75812	0,25489	0,60414	0,20312	1,29736
22	0,75858	0,25517	0,60437	0,20329	1,29794
24	0,75904	0,25545	0,60460	0,20347	1,29853
26	0,75950	0,25572	0,60483	0,20365	1,29911
28	0,75996	0,25600	0,60506	0,20382	1,29969
30	0,76042	0,25628	0,60529	0,20400	1,30027
32	0,76088	0,25656	0,60553	0,20417	1,30085
34	0,76134	0,25683	0,60576	0,20435	1,30143
36	0,76180	0,25711	0,60599	0,20453	1,30202
38	0,76226	0,25739	0,60622	0,20470	1,30260
40	0,76272	0,25767	0,60645	0,20488	1,30318
42	0,76318	0,25795	0,60668	0,20506	1,30376
44	0,76364	0,25823	0,60691	0,20523	1,30434
46	0,76410	0,25851	0,60714	0,20541	1,30493
48	0,76456	0,25879	0,60738	0,20559	1,30551
50	0,76502	0,25907	0,60761	0,20576	1,30609
52	0,76548	0,25935	0,60784	0,20594	1,30667
54	0,76594	0,25963	0,60807	0,20612	1,30725
56	0,76640	0,25991	0,60830	0,20629	1,30783
58	0,76687	0,26019	0,60853	0,20647	1,30842
60	0,76733	0,26047	0,60876	0,20665	1,30900

$\alpha = 75°$

Minutos	Tangente AB	Distancia al vértice BD	Abscisa AE y semicuerda AF	Ordenada ED flecha DF	Longitud del arco ADC
	$\operatorname{tg} \frac{\alpha}{2}$	$\sec \frac{\alpha}{2} - 1$	$\operatorname{sen} \frac{\alpha}{2}$	$1 - \cos \frac{\alpha}{2}$	$\frac{\pi \alpha}{180}$
0	0,76733	0,26047	0,60876	0,20665	1,30900
2	0,76779	0,26075	0,60899	0,20682	1,30958
4	0,76825	0,26104	0,60922	0,20700	1,31016
6	0,76871	0,26132	0,60945	0,20718	1,31074
8	0,76918	0,26160	0,60968	0,20736	1,31132
10	0,76964	0,26188	0,60991	0,20753	1,31191
12	0,77010	0,26216	0,61015	0,20771	1,31249
14	0,77057	0,26245	0,61038	0,20789	1,31307
16	0,77103	0,26273	0,61061	0,20807	1,31365
18	0,77149	0,26301	0,61084	0,20824	1,31423
20	0,77196	0,26330	0,61107	0,20842	1,31481
22	0,77242	0,26358	0,61130	0,20860	1,31540
24	0,77289	0,26387	0,61153	0,20878	1,31598
26	0,77335	0,26415	0,61176	0,20895	1,31656
28	0,77382	0,26443	0,61199	0,20913	1,31714
30	0,77428	0,26472	0,61222	0,20931	1,31772
32	0,77475	0,26500	0,61245	0,20949	1,31831
34	0,77521	0,26529	0,61268	0,20967	1,31889
36	0,77568	0,26557	0,61291	0,20985	1,31947
38	0,77615	0,26586	0,61314	0,21002	1,32005
40	0,77661	0,26615	0,61337	0,21020	1,32063
42	0,77708	0,26643	0,61360	0,21038	1,32121
44	0,77754	0,26672	0,61383	0,21056	1,32180
46	0,77801	0,26701	0,61406	0,21074	1,32238
48	0,77848	0,26729	0,61429	0,21092	1,32296
50	0,77895	0,26758	0,61451	0,21109	1,32354
52	0,77941	0,26787	0,61474	0,21127	1,32412
54	0,77988	0,26815	0,61497	0,21145	1,32471
56	0,78035	0,26844	0,61520	0,21163	1,32529
58	0,78082	0,26873	0,61543	0,21181	1,32587
60	0,78129	0,26902	0,61566	0,21199	1,32645

$\alpha = 76°$

Minutos	Tangente *AB*	Distancia al vértice *BD*	Abscisa *AE* y semicuerda *AF*	Ordenada *ED* flecha *DF*	Longitud del arco *ADC*
	$\operatorname{tg} \frac{\alpha}{2}$	$\sec \frac{\alpha}{2} - 1$	$\operatorname{sen} \frac{\alpha}{2}$	$1 - \cos \frac{\alpha}{2}$	$\frac{\pi \alpha}{180}$
0	0,78129	0,26902	0,61566	0,21199	1,32645
2	0,78175	0,26931	0,61589	0,21217	1,32703
4	0,78222	0,26960	0,61612	0,21235	1,32761
6	0,78269	0,26988	0,61635	0,21253	1,32820
8	0,78316	0,27017	0,61658	0,21271	1,32878
10	0,78363	0,27046	0,61681	0,21289	1,32936
12	0,78410	0,27075	0,61704	0,21306	1,32994
14	0,78457	0,27104	0,61726	0,21324	1,33052
16	0,78504	0,27133	0,61749	0,21342	1,33110
18	0,78551	0,27162	0,61772	0,21360	1,33169
20	0,78598	0,27191	0,61795	0,21378	1,33227
22	0,78645	0,27220	0,61818	0,21396	1,33285
24	0,78692	0,27250	0,61841	0,21414	1,33343
26	0,78739	0,27279	0,61864	0,21432	1,33401
28	0,78786	0,27308	0,61887	0,21450	1,33460
30	0,78834	0,27337	0,61909	0,21468	1,33518
32	0,78881	0,27366	0,61932	0,21486	1,33576
34	0,78928	0,27396	0,61955	0,21504	1,33634
36	0,78975	0,27425	0,61978	0,21522	1,33692
38	0,79022	0,27454	0,62001	0,21540	1,33750
40	0,79070	0,27483	0,62024	0,21558	1,33809
42	0,79117	0,27513	0,62046	0,21576	1,33867
44	0,79164	0,27542	0,62069	0,21595	1,33925
46	0,79212	0,27572	0,62092	0,21613	1,33983
48	0,79259	0,27601	0,62115	0,21631	1,34041
50	0,79306	0,27630	0,62138	0,21649	1,34099
52	0,79354	0,27660	0,62160	0,21667	1,34158
54	0,79401	0,27689	0,62183	0,21685	1,34216
56	0,79449	0,27719	0,62206	0,21703	1,34274
58	0,79496	0,27748	0,62229	0,21721	1,34332
60	0,79544	0,27778	0,62251	0,21739	1,34390

$\alpha = 77°$

Minutos	Tangente *AB*	Distancia al vértice *BD*	Abscisa *AE* y semicuerda *AF*	Ordenada *ED* flecha *DF*	Longitud del arco *ADC*
	$\operatorname{tg}\frac{\alpha}{2}$	$\sec\frac{\alpha}{2} - 1$	$\operatorname{sen}\frac{\alpha}{2}$	$1 - \cos\frac{\alpha}{2}$	$\frac{\pi\,\alpha}{180}$
0	0,79544	0,27778	0,62251	0,21739	1,34390
2	0,79591	0,27807	0,62274	0,21757	1,34449
4	0,79639	0,27837	0,62297	0,21775	1,34507
6	0,79686	0,27867	0,62320	0,21794	1,34565
8	0,79734	0,27896	0,62342	0,21812	1,34623
10	0,79781	0,27926	0,62365	0,21830	1,34681
12	0,79829	0,27956	0,62388	0,21848	1,34739
14	0,79877	0,27985	0,62411	0,21866	1,34798
16	0,79924	0,28015	0,62433	0,21884	1,34856
18	0,79972	0,28045	0,62456	0,21902	1,34914
20	0,80020	0,28075	0,62479	0,21921	1,34972
22	0,80067	0,28105	0,62502	0,21939	1,35030
24	0,80115	0,28134	0,62524	0,21957	1,35089
26	0,80163	0,28164	0,62547	0,21975	1,35147
28	0,80211	0,28194	0,62570	0,21993	1,35205
30	0,80258	0,28224	0,62592	0,22012	1,35263
32	0,80306	0,28254	0,62615	0,22030	1,35321
34	0,80354	0,28284	0,62638	0,22048	1,35379
36	0,80402	0,28314	0,62660	0,22066	1,35438
38	0,80450	0,28344	0,62683	0,22084	1,35496
40	0,80498	0,28374	0,62706	0,22103	1,35554
42	0,80546	0,28404	0,62728	0,22121	1,35612
44	0,80594	0,28434	0,62751	0,22139	1,35670
46	0,80642	0,28464	0,62774	0,22157	1,35728
48	0,80690	0,28495	0,62796	0,22176	1,35787
50	0,80738	0,28525	0,62819	0,22194	1,35845
52	0,80786	0,28555	0,62842	0,22212	1,35903
54	0,80834	0,28585	0,62864	0,22230	1,35961
56	0,80882	0,28615	0,62887	0,22249	1,36019
58	0,80930	0,28646	0,62909	0,22267	1,36078
60	0,80978	0,28676	0,62932	0,22285	1,36136

$\alpha = 78^o$

Minutos	Tangente AB	Distancia al vértice BD	Abscisa AE y semi-cuerda AF	Ordenada ED flecha DF	Longitud del arco ADC
	$tg \frac{\alpha}{2}$	$sec \frac{\alpha}{2} - 1$	$sen \frac{\alpha}{2}$	$1 - cos \frac{\alpha}{2}$	$\frac{\pi \alpha}{180}$
0	0,80978	0,28676	0,62932	0,22285	1,36136
2	0,81027	0,28706	0,62955	0,22304	1,36194
4	0,81075	0,28737	0,62977	0,22322	1,36252
6	0,81123	0,28767	0,63000	0,22340	1,36310
8	0,81171	0,28797	0,63022	0,22359	1,36368
10	0,81220	0,28828	0,63045	0,22377	1,36427
12	0,81268	0,28858	0,63068	0,22395	1,36485
14	0,81316	0,28889	0,63090	0,22414	1,36543
16	0,81364	0,28919	0,63113	0,22432	1,36601
18	0,81413	0,28950	0,63135	0,22450	1,36659
20	0,81461	0,28980	0,63158	0,22469	1,36717
22	0,81510	0,29011	0,63180	0,22487	1,36776
24	0,81558	0,29041	0,63203	0,22505	1,36834
26	0,81606	0,29072	0,63225	0,22524	1,36892
28	0,81655	0,29103	0,63248	0,22542	1,36950
30	0,81703	0,29133	0,63271	0,22561	1,37008
32	0,81752	0,29164	0,63293	0,22579	1,37067
34	0,81800	0,29195	0,63316	0,22598	1,37125
36	0,81849	0,29226	0,63338	0,22616	1,37183
38	0,81898	0,29256	0,63361	0,22634	1,37241
40	0,81946	0,29287	0,63383	0,22653	1,37299
42	0,81995	0,29318	0,63406	0,22671	1,37357
44	0,82044	0,29349	0,63428	0,22690	1,37416
46	0,82092	0,29380	0,63451	0,22708	1,37474
48	0,82141	0,29411	0,63473	0,22727	1,37532
50	0,82190	0,29442	0,63496	0,22745	1,37590
52	0,82238	0,29473	0,63518	0,22764	1,37648
54	0,82287	0,29504	0,63540	0,22782	1,37707
56	0,82336	0,29535	0,63563	0,22800	1,37765
58	0,82385	0,29566	0,63585	0,22819	1,37823
60	0,82434	0,29597	0,63608	0,22838	1,37881

$\alpha = 79°$

Minutos	Tangente *AB* $tg \frac{\alpha}{2}$	Distancia al vértice *BD* $sec \frac{\alpha}{2} - 1$	Abscisa *AE* y semicuerda *AF* $sen \frac{\alpha}{2}$	Ordenada *ED* flecha *DF* $1 - cos \frac{\alpha}{2}$	Longitud del arco *ADC* $\frac{\pi \alpha}{180}$
0	0,82434	0,29597	0,63608	0,22838	1,37881
2	0,82483	0,29628	0,63630	0,22856	1,37939
4	0,82531	0,29659	0,63653	0,22875	1,37997
6	0,82580	0,29690	0,63675	0,22893	1,38056
8	0,82629	0,29721	0,63698	0,22912	1,38114
10	0,82678	0,29752	0,63720	0,22930	1,38172
12	0,82727	0,29784	0,63742	0,22949	1,38230
14	0,82776	0,29815	0,63765	0,22967	1,38288
16	0,82825	0,29846	0,63787	0,22986	1,38346
18	0,82874	0,29877	0,63810	0,23004	1,38405
20	0,82923	0,29909	0,63832	0,23023	1,38463
22	0,82972	0,29940	0,63854	0,23041	1,38521
24	0,83022	0,29971	0,63877	0,23060	1,38579
26	0,83071	0,30003	0,63899	0,23079	1,38637
28	0,83120	0,30034	0,63922	0,23097	1,38696
30	0,83169	0,30066	0,63944	0,23116	1,38754
32	0,83218	0,30097	0,63966	0,23134	1,38812
34	0,83268	0,30129	0,63989	0,23153	1,38870
36	0,83317	0,30160	0,64011	0,23172	1,38928
38	0,83366	0,30192	0,64033	0,23190	1,38986
40	0,83415	0,30223	0,64056	0,23209	1,39045
42	0,83465	0,30255	0,64078	0,23228	1,39103
44	0,83514	0,30287	0,64100	0,23246	1,39161
46	0,83564	0,30318	0,64123	0,23265	1,39219
48	0,83613	0,30350	0,64145	0,23283	1,39277
50	0,83662	0,30382	0,64167	0,23303	1,39335
52	0,83712	0,30413	0,64190	0,23321	1,39394
54	0,83761	0,30445	0,64212	0,23339	1,39452
56	0,83811	0,30477	0,64234	0,23358	1,39510
58	0,83860	0,30509	0,64256	0,23377	1,39568
60	0,83910	0,30541	0,64279	0,23396	1,39626

$\alpha = 80°$

Minutos	Tangente *AB*	Distancia al vértice *BD*	Abscisa *AE* y semicuerda *AF*	Ordenada *ED* flecha *DF*	Longitud del arco *ADC*
	$\operatorname{tg} \frac{\alpha}{2}$	$\sec \frac{\alpha}{2} - 1$	$\operatorname{sen} \frac{\alpha}{2}$	$1 - \cos \frac{\alpha}{2}$	$\frac{\pi \alpha}{180}$
0	0,83910	0,30541	0,64279	0,23396	1,39626
2	0,83960	0,30573	0,64301	0,23414	1,39685
4	0,84009	0,30605	0,64323	0,23433	1,39743
6	0,84059	0,30636	0,64346	0,23452	1,39801
8	0,84108	0,30668	0,64368	0,23470	1,39859
10	0,84158	0,30700	0,64390	0,23489	1,39917
12	0,84208	0,30732	0,64412	0,23508	1,39975
14	0,84258	0,30764	0,64435	0,23527	1,40034
16	0,84307	0,30797	0,64457	0,23545	1,40092
18	0,84357	0,30829	0,64479	0,23564	1,40150
20	0,84407	0,30861	0,64501	0,23583	1,40208
22	0,84457	0,30893	0,64524	0,23602	1,40266
24	0,84507	0,30925	0,64546	0,23620	1,40324
26	0,84556	0,30957	0,64568	0,23639	1,40383
28	0,84606	0,30989	0,64590	0,23658	1,40441
30	0,84656	0,31022	0,64612	0,23677	1,40499
32	0,84706	0,31054	0,64635	0,23696	1,40557
34	0,84756	0,31086	0,64657	0,23714	1,40615
36	0,84806	0,31118	0,64679	0,23733	1,40674
38	0,84856	0,31151	0,64701	0,23752	1,40732
40	0,84906	0,31183	0,64723	0,23771	1,40790
42	0,84956	0,31216	0,64746	0,23790	1,40848
44	0,85006	0,31248	0,64768	0,23808	1,40906
46	0,85057	0,31281	0,64790	0,23827	1,40964
48	0,85107	0,31313	0,64812	0,23846	1,41023
50	0,85157	0,31346	0,64834	0,23865	1,41081
52	0,85207	0,31378	0,64856	0,23884	1,41139
54	0,85257	0,31411	0,64878	0,23903	1,41197
56	0,85307	0,31443	0,64901	0,23922	1,41255
58	0,85358	0,31476	0,64923	0,23941	1,41314
60	0,85408	0,31509	0,64945	0,23959	1,41372

$\alpha = 81^{\circ}$

Minutos	Tangente *AB* $\operatorname{tg} \frac{\alpha}{2}$	Distancia al vértice *BD* $\sec \frac{\alpha}{2} - 1$	Abscisa *AE* y semicuerda *AF* $\operatorname{sen} \frac{\alpha}{2}$	Ordenada *ED* flecha *DF* $1 - \cos \frac{\alpha}{2}$	Longitud del arco *ADC* $\frac{\pi \alpha}{180}$
0	0,85408	0,31509	0,64945	0,23959	1,41372
2	0,85458	0,31541	0,64967	0,23978	1,41430
4	0,85509	0,31574	0,64989	0,23997	1,41488
6	0,85559	0,31607	0,65011	0,24016	1,41546
8	0,85610	0,31640	0,65033	0,24035	1,41604
10	0,85660	0,31672	0,65055	0,24054	1,41663
12	0,85710	0,31705	0,65077	0,24073	1,41721
14	0,85761	0,31738	0,65100	0,24092	1,41779
16	0,85811	0,31771	0,65122	0,24111	1,41837
18	0,85862	0,31804	0,65144	0,24130	1,41895
20	0,95912	0,31837	0,65166	0,24149	1,41953
22	0,85963	0,31870	0,65188	0,24168	1,42012
24	0,86014	0,31903	0,65210	0,24187	1,42070
26	0,86064	0,31936	0,65232	0,24206	1,42128
28	0,86115	0,31969	0,65254	0,24225	1,42186
30	0,86166	0,32002	0,65276	0,24243	1,42244
32	0,86216	0,32035	0,65298	0,24262	1,42303
34	0,86267	0,32068	0,65320	0,24281	1,42361
36	0,86318	0,32101	0,65342	0,24300	1,42419
38	0,86368	0,32134	0,65364	0,24319	1,42477
40	0,86419	0,32168	0,65386	0,24339	1,42535
42	0,86470	0,32201	0,65408	0,24358	1,42593
44	0,86521	0,32234	0,65430	0,24377	1,42652
46	0,86572	0,32267	0,65452	0,24396	1,42710
48	0,86623	0,32301	0,65474	0,24415	1,42768
50	0,86674	0,32334	0,65496	0,24434	1,42826
52	0,86725	0,32368	0,65518	0,24453	1,42884
54	0,86776	0,32401	0,65540	0,24472	1,42943
56	0,86827	0,32434	0,65562	0,24491	1,43001
58	0,86878	0,32468	0,65584	0,24510	1,43059
60	0,86929	0,32501	0,65606	0,24529	1,43117

$\alpha = 82^\circ$

Minutos	Tangente AB	Distancia al vértice BD	Abscisa AE y semicuerda AF	Ordenada ED flecha DF	Longitud del arco ADC
	$\operatorname{tg} \frac{\alpha}{2}$	$\sec \frac{\alpha}{2} - 1$	$\operatorname{sen} \frac{\alpha}{2}$	$1 - \cos \frac{\alpha}{2}$	$\frac{\pi \alpha}{180}$
0	0,86929	0,32501	0,65606	0,24529	1,43117
2	0,86980	0,32535	0,65628	0,24548	1,43175
4	0,87031	0,32568	0,65650	0,24567	1,43233
6	0,87082	0,32602	0,65672	0,24586	1,43292
8	0,87133	0,32636	0,65694	0,24605	1,43350
10	0,87184	0,32669	0,65716	0,24625	1,43408
12	0,87236	0,32703	0,65738	0,24644	1,43466
14	0,87287	0,32737	0,65759	0,24663	1,43524
16	0,87338	0,32770	0,65781	0,24682	1,43582
18	0,87389	0,32804	0,65803	0,24701	1,43641
20	0,87441	0,32838	0,65825	0,24720	1,43699
22	0,87492	0,32872	0,65847	0,24739	1,43757
24	0,87543	0,32905	0,65869	0,24758	1,43815
26	0,87595	0,32939	0,65891	0,24778	1,43873
28	0,87646	0,32973	0,65913	0,24797	1,43932
30	0,87698	0,33007	0,65935	0,24816	1,43990
32	0,87749	0,33041	0,65956	0,24835	1,44048
34	0,87801	0,33075	0,65978	0,24854	1,44106
36	0,87852	0,33109	0,66000	0,24874	1,44164
38	0,87904	0,33143	0,66022	0,24893	1,44222
40	0,87955	0,33177	0,66044	0,24912	1,44281
42	0,88007	0,33211	0,66066	0,24931	1,44339
44	0,88059	0,33245	0,66088	0,24950	1,44397
46	0,88110	0,33279	0,66109	0,24970	1,44455
48	0,88162	0,33314	0,66131	0,24989	1,44513
50	0,88214	0,33348	0,66153	0,25008	1,44571
52	0,88265	0,33382	0,66175	0,25027	1,44630
54	0,88317	0,33416	0,66197	0,25047	1,44688
56	0,88369	0,33451	0,66218	0,25066	1,44746
58	0,88421	0,33485	0,66240	0,25085	1,44804
60	0,88473	0,33519	0,66262	0,25104	1,44862

$\alpha = 83°$

Minutos	Tangente AB $\operatorname{tg} \frac{\alpha}{2}$	Distancia al vértice BD $\sec \frac{\alpha}{2} - 1$	Abscisa AE y semicuerda AF $\operatorname{sen} \frac{\alpha}{2}$	Ordenada ED flecha DF $1 - \cos \frac{\alpha}{2}$	Longitud del arco ADC $\frac{\pi \alpha}{180}$
0	0,88473	0,33519	0,66262	0,25104	1,44862
2	0,88524	0,33554	0,66284	0,25124	1,44921
4	0,88576	0,33588	0,66306	0,25143	1,44979
6	0,88628	0,33622	0,66327	0,25162	1,45037
8	0,88680	0,33657	0,66349	0,25182	1,45095
10	0,88732	0,33691	0,66371	0,25201	1,45153
12	0,88784	0,33726	0,66393	0,25220	1,45211
14	0,88836	0,33760	0,66414	0,25239	1,45270
16	0,88888	0,33795	0,66436	0,25259	1,45328
18	0,88940	0,33830	0,66458	0,25278	1,45386
20	0,88992	0,33864	0,66480	0,25297	1,45444
22	0,89045	0,33899	0,66501	0,25317	1,45502
24	0,89097	0,33934	0,66523	0,25336	1,45560
26	0,89149	0,33968	0,66545	0,25356	1,45619
28	0,89201	0,34003	0,66566	0,25375	1,45677
30	0,89253	0,34038	0,66588	0,25394	1,45735
32	0,89306	0,34073	0,66610	0,25414	1,45793
34	0,89358	0,34108	0,66632	0,25433	1,45851
36	0,89410	0,34142	0,66653	0,25452	1,45910
38	0,89463	0,34177	0,66675	0,25472	1,45968
40	0,89515	0,34212	0,66697	0,25491	1,46026
42	0,89567	0,34247	0,66718	0,25511	1,46084
44	0,89620	0,34282	0,66740	0,25530	1,46142
46	0,89672	0,34317	0,66762	0,25549	1,46200
48	0,89725	0,34352	0,66783	0,25569	1,46259
50	0,89777	0,34387	0,66805	0,25588	1,46317
52	0,89830	0,34423	0,66827	0,25608	1,46375
54	0,89883	0,34458	0,66848	0,25627	1,46433
56	0,89935	0,34493	0,66870	0,25647	1,46491
58	0,89988	0,34528	0,66891	0,25666	1,46550
60	0,90040	0,34563	0,66913	0,25685	1,46608

$\alpha = 84°$

Minutos	Tangente *AB*	Distancia al vértice *BD*	Abscisa *AE* y semicuerda *AF*	Ordenada *ED* flecha *DF*	Longitud del arco *ADC*
	$\operatorname{tg} \frac{\alpha}{2}$	$\sec \frac{\alpha}{2} - 1$	$\operatorname{sen} \frac{\alpha}{2}$	$1 - \cos \frac{\alpha}{2}$	$\frac{\pi \alpha}{180}$
0	0,90040	0,34563	0,66913	0,25685	1,46608
2	0,90093	0,34599	0,66935	0,25705	1,46666
4	0,90146	0,34634	0,66956	0,25724	1,46724
6	0,90199	0,34669	0,66978	0,25744	1,46782
8	0,90251	0,34704	0,66999	0,25763	1,46840
10	0,90304	0,34740	0,67021	0,25783	1,46899
12	0,90357	0,34775	0,67043	0,25802	1,46957
14	0,90410	0,34811	0,67064	0,25822	1,47015
16	0,90463	0,34846	0,67086	0,25841	1,47073
18	0,90516	0,34882	0,67107	0,25861	1,47131
20	0,90569	0,34917	0,67129	0,25880	1,47189
22	0,90621	0,34953	0,67151	0,25900	1,47248
24	0,90674	0,34988	0,67172	0,25920	1,47306
26	0,90727	0,35024	0,67194	0,25939	1,47364
28	0,90781	0,35060	0,67215	0,25959	1,47422
30	0,90834	0,35095	0,67237	0,25978	1,47480
32	0,90887	0,35131	0,67258	0,25998	1,47539
34	0,90940	0,35167	0,67280	0,26017	1,47597
36	0,90993	0,35202	0,67301	0,26037	1,47655
38	0,91046	0,35238	0,67323	0,26056	1,47713
40	0,91099	0,35274	0,67344	0,26076	1,47771
42	0,91153	0,35310	0,67366	0,26096	1,47829
44	0,91206	0,35346	0,67387	0,26115	1,47888
46	0,91259	0,35382	0,67409	0,26135	1,47946
48	0,91313	0,35418	0,67430	0,26154	1,48004
50	0,91366	0,35454	0,67452	0,26174	1,48062
52	0,91419	0,35490	0,67473	0,26194	1,48120
54	0,91473	0,35526	0,67495	0,26213	1,48179
56	0,91526	0,35562	0,67516	0,26233	1,48237
58	0,91580	0,35598	0,67538	0,26253	1,48295
60	0,91633	0,35634	0,67559	0,26272	1,48353

$\alpha = 85^o$

Minutos	Tangente AB	Distancia al vértice BD	Abscisa AE y semicuerda AF	Ordenada ED. flecha DF	Longitud del arco ADC
	$tg \frac{\alpha}{2}$	$sec \frac{\alpha}{2} - 1$	$sen \frac{\alpha}{2}$	$1 - cos \frac{\alpha}{2}$	$\frac{\pi \alpha}{180}$
0	0,91633	0,35634	0,67559	0,26272	1,48353
2	0,91687	0,35670	0,67580	0,26292	1.48411
4	0,91740	0,35707	0,67602	0,26312	1,48469
6	0,91794	0,35743	0,67623	0,26331	1,48528
8	0,91847	0,35779	0,67645	0,26351	1,48586
10	0,91901	0,35815	0,67666	0,26371	1,48644
12	0,91955	0,35852	0,67688	0,26390	1,48702
14	0,92008	0,35888	0,67709	0,26410	1,48760
16	0,92062	0,35924	0,67730	0,26430	1,48818
18	0,92116	0,35961	0,67752	0,26449	1,48877
20	0,92170	0,35997	0,67773	0,26469	1,48935
22	0,92224	0,36034	0,67795	0,26489	1,48993
24	0,92277	0,36070	0,67816	0,26509	1,49051
26	0,92331	0,36107	0,67837	0,26528	1,49109
28	0,92385	0,36143	0,67859	0,26548	1,49168
30	0,92439	0,36180	0,67880	0,26568	1,49226
32	0,92493	0,36217	0,67901	0,26587	1,49284
34	0,92547	0,36253	0,67923	0,26607	1,49342
36	0,92601	0,36290	0,67944	0,26627	1,49400
38	0,92655	0,36327	0,67965	0,26647	1,49458
40	0,92709	0,36363	0,67987	0,26667	1,49517
42	0,92763	0,36400	0,68008	0,26686	1,49575
44	0,92817	0,36437	0,68029	0,26706	1,49633
46	0,92872	0,36474	0,68051	0,26726	1,49691
48	0,92926	0,36511	0,68072	0,26746	1,49749
50	0,92980	0,36548	0,68093	0,26766	1,49807
52	0,93034	0,36585	0,68115	0,26785	1,49866
54	0,93088	0,36622	0,68136	0,26805	1,49924
56	0,93143	0,36659	0,68157	0,26825	1,49982
58	0,93197	0,36696	0,68177	0,26845	1,50040
60	0,93252	0,36733	0,68200	0,26865	1,50098

$\alpha = 86^\circ$

Minutos	Tangente AB	Distancia al vértice BD	Abscisa AE y semicuerda AF	Ordenada ED flecha DF	Longitud del arco ADC
	$\operatorname{tg} \frac{\alpha}{2}$	$\sec \frac{\alpha}{2} - 1$	$\operatorname{sen} \frac{\alpha}{2}$	$1 - \cos \frac{\alpha}{2}$	$\frac{\pi \alpha}{180}$
0	0,93252	0,36733	0,68200	0,26865	1,50098
2	0,93306	0,36770	0,68221	0,26884	1,50156
4	0,93360	0,36807	0,68242	0,26904	1,50215
6	0,93415	0,36844	0,68264	0,26924	1,50273
8	0,93469	0,36881	0,68285	0,26944	1,50331
10	0,93524	0,36919	0,68306	0,26964	1,50389
12	0,93578	0,36956	0,68327	0,26984	1,50447
14	0,93633	0,36993	0,68349	0,27004	1,50506
16	0,93688	0,37031	0,68370	0,27024	1,50564
18	0,93742	0,37068	0,68391	0,27043	1,50622
20	0,93797	0,37105	0,68412	0,27063	1,50680
22	0,93852	0,37143	0,68434	0,27083	1,50738
24	0,93906	0,37180	0,68455	0,27103	1,50796
26	0,93961	0,37218	0,68476	0,27123	1,50855
28	0,94016	0,37255	0,68497	0,27143	1,50913
30	0,94071	0,37293	0,68518	0,27163	1,50971
32	0,94125	0,37330	0,68539	0,27183	1,51029
34	0,94180	0,37368	0,68561	0,27203	1,51087
36	0,94235	0,37405	0,68582	0,27223	1,51146
38	0,94290	0,37443	0,68603	0,27243	1,51204
40	0,94345	0,37481	0,68624	0,27263	1,51262
42	0,94400	0,37519	0,68645	0,28283	1,51320
44	0,94455	0,37556	0,68666	0,27303	1,51378
46	0,94510	0,37594	0,68688	0,27323	1,51436
48	0,94565	0,37632	0,68709	0,27343	1,51495
50	0,94620	0,37670	0,68730	0,27363	1,51553
52	0,94676	0,37708	0,68751	0,27383	1,51611
54	0,94731	0,37746	0,68772	0,27403	1,51669
56	0,94786	0,37784	0,68793	0,27423	1,51727
58	0,94841	0,37822	0,68814	0,27443	1,51786
60	0,94896	0,37860	0,68835	0,27463	1,51844

$\alpha = 87°$

Minutos	Tangente *AB*	Distancia al vértice *BD*	Abscisa *AE* y semicuerda *AF*	Ordenada *ED* flecha *DF*	Longitud del arco *ADC*
	$\operatorname{tg} \frac{\alpha}{2}$	$\sec \frac{\alpha}{2} - 1$	$\operatorname{sen} \frac{\alpha}{2}$	$1 - \cos \frac{\alpha}{2}$	$\frac{\pi \alpha}{180}$
0	0,94896	0,37860	0,68835	0,27463	1,51844
2	0,94952	0,37898	0,68857	0,27483	1,51902
4	0,95007	0,37936	0,68878	0,27503	1,51960
6	0,95062	0,37974	0,68899	0,27523	1,52018
8	0,95118	0,38012	0,68920	0,27543	1,52076
10	0,95173	0,38051	0,68941	0,27563	1,52135
12	0,95229	0,38089	0,68962	0,27583	1,52193
14	0,95284	0,38127	0,68983	0,27603	1,52251
16	0,95340	0,38165	0,69004	0,27623	1,52309
18	0,95395	0,38204	0,69025	0,27643	1,52367
20	0,95451	0,38242	0,69046	0,27663	1,52425
22	0,95506	0,38280	0,69067	0,27683	1,52484
24	0,95562	0,38319	0,69088	0,27703	1,52542
26	0,95618	0,38357	0,69109	0,27723	1,52600
28	0,95673	0,38396	0,69130	0,27743	1,52658
30	0,95729	0,38434	0,69151	0,27764	1,52716
32	0,95785	0,38473	0,69172	0,27784	1,52774
34	0,95841	0,38512	0,69193	0,27804	1,52833
36	0,95897	0,38550	0,69214	0,27824	1,52891
38	0,95952	0,38589	0,69235	0,27844	1,52949
40	0,96008	0,38628	0,69256	0,27864	1,53007
42	0,96064	0,38666	0,69277	0,27884	1,53065
44	0,96120	0,38705	0,69298	0,27905	1,53124
46	0,96176	0,38744	0,69319	0,27925	1,53182
48	0,96232	0,38783	0,69340	0,27945	1,53240
50	0,96288	0,38822	0,69361	0,27965	1,53298
52	0,96344	0,38860	0,69382	0,27985	1,53356
54	0,96400	0,38899	0,69403	0,28005	1,53414
56	0,96457	0,38938	0,69424	0,28026	1,53473
58	0,96513	0,38977	0,69445	0,28046	1,53531
60	0,96569	0,39016	0,69466	0,28066	1,53589

$\alpha = 88^{\circ}$

Minutos	Tangente *AB*	Distancia al vértice *BD*	Abscisa *AE* y semicuerda *AF*	Ordenada *ED* flecha *DF*	Longitud del arco *ADC*
	$\operatorname{tg} \frac{\alpha}{2}$	$\sec \frac{\alpha}{2} - 1$	$\operatorname{sen} \frac{\alpha}{2}$	$1 - \cos \frac{\alpha}{2}$	$\frac{\pi \alpha}{180}$
0	0,96569	0,39016	0,69466	0,28066	1,53589
2	0,96625	0,39055	0,69487	0,28086	1,53647
4	0,96681	0,39094	0,69508	0,28106	1,53705
6	0,96738	0,39134	0,69529	0,28127	1,53764
8	0,96794	0,39173	0,69549	0,28147	1,53822
10	0,96850	0,39212	0,69570	0,28167	1,53880
12	0,96907	0,39251	0,69591	0,28187	1,53938
14	0,96963	0,39291	0,69612	0,28208	1,53996
16	0,97020	0,39330	0,69633	0,28228	1,54054
18	0,97076	0,39369	0,69654	0,28248	1,54113
20	0,97133	0,39409	0,69675	0,28268	1,54171
22	0,97189	0,39448	0,69696	0,28289	1,54229
24	0,97246	0,39487	0,69717	0,28309	1,54287
26	0,97302	0,39527	0,69737	0,28329	1,54345
28	0,97359	0,39566	0,69758	0,28350	1,54404
30	0,97416	0,39606	0,69779	0,28370	1,54462
32	0,97472	0,39646	0,69800	0,28390	1,54520
34	0,97529	0,39685	0,69821	0,28410	1,54578
36	0,97586	0,39725	0,69842	0,28431	1,54636
38	0,97643	0,39764	0,69862	0,28451	1,54694
40	0,97700	0,39804	0,69883	0,28471	1,54753
42	0,97756	0,39844	0,69904	0,28492	1,54811
44	0,97813	0,39884	0,69925	0,28512	1,54869
46	0,97870	0,39923	0,69946	0,28532	1,54927
48	0,97927	0,39963	0,69966	0,28553	1,54985
50	0,97984	0,40003	0,69987	0,28573	1,55043
52	0,98041	0,40043	0,70008	0,28593	1,55102
54	0,98098	0,40083	0,70029	0,28614	1,55160
56	0,98155	0,40123	0,70049	0,28634	1,55218
58	0,98213	0,40163	0,70070	0,28655	1,55276
60	0,98270	0,40203	0,70091	0,28675	1,55334

$\alpha = 89°$

Minutos	Tangente *AB*	Distancia al vértice *BD*	Abscisa *AE* y semicuerda *AF*	Ordenada *ED* flecha *DF*	Longitud del arco *ADC*
	$\operatorname{tg} \frac{\alpha}{2}$	$\sec \frac{\alpha}{2} - 1$	$\operatorname{sen} \frac{\alpha}{2}$	$1 - \cos \frac{\alpha}{2}$	$\frac{\pi \alpha}{180}$
0	0,98270	0,40203	0,70091	0,28675	1,55334
2	0,98327	0,40243	0,70112	0,28695	1,55392
4	0,98384	0,40283	0,70132	0,28716	1,55451
6	0,98441	0,40324	0,70153	0,28736	1,55509
8	0,98499	0,40364	0,70174	0,28757	1,55567
10	0,98556	0,40404	0,70195	0,28777	1,55625
12	0,98613	0,40444	0,70215	0,28797	1,55683
14	0,98671	0,40485	0,70236	0,28818	1,55742
16	0,98728	0,40525	0,70257	0,28838	1,55800
18	0,98786	0,40565	0,70277	0,28859	1,55858
20	0,98843	0,40606	0,70298	0,28879	1,55916
22	0,98901	0,40646	0,70319	0,28900	1,55974
24	0,98958	0,40687	0,70339	0,28920	1,56032
26	0,99016	0,40727	0,70360	0,28940	1,56091
28	0,99073	0,40768	0,70381	0,28961	1,56149
30	0,99131	0,40808	0,70401	0,28981	1,56207
32	0,99189	0,40849	0,70422	0,29002	1,56265
34	0,99247	0,40889	0,70443	0,29022	1,56323
36	0,99304	0,40930	0,70463	0,29043	1,56382
38	0,99362	0,40971	0,70484	0,29063	1,56440
40	0,99420	0,41012	0,70505	0,29084	1,56498
42	0,99478	0,41053	0,70525	0,29104	1,56556
44	0,99536	0,41093	0,70546	0,29125	1,56614
46	0,99594	0,41134	0,70567	0,29145	1,56672
48	0,99652	0,41175	0,70587	0,29166	1,56731
50	0,99710	0,41216	0,70608	0,29187	1,56789
52	0,99768	0,41257	0,70628	0,29207	1,56847
54	0,99826	0,41298	0,70649	0,29228	1,56905
56	0,99884	0,41339	0,70670	0,29248	1,56963
58	0,99942	0,41380	0,70690	0,29269	1,57022
60	1,00000	0,41421	0,70711	0,29289	1,57080

$\alpha = 90°$

Minutos	Tangente *AB*	Distancia al vértice *BD*	Abscisa *AE* y semicuerda *AF*	Ordenada *ED* flecha *DF*	Longitud del arco *ADC*
	$\operatorname{tg} \frac{\alpha}{2}$	$\sec \frac{\alpha}{2} - 1$	$\operatorname{sen} \frac{\alpha}{2}$	$1 - \cos \frac{\alpha}{2}$	$\frac{\pi \alpha}{180}$
0	1,00000	0,41421	0,70711	0,29289	1,57080
2	1,00058	0,41463	0,70731	0,29310	1,57138
4	1,00116	0,41504	0,70752	0,29330	1,57196
6	1,00175	0,41545	0,70772	0,29351	1,57254
8	1,00233	0,41586	0,70793	0,29372	1,57312
10	1,00291	0,41628	0,70813	0,29392	1,57371
12	1,00350	0,41669	0,70834	0,29413	1,57429
14	1,00408	0,41710	0,70855	0,29433	1,57487
16	1,00467	0,41752	0,70875	0,29454	1,57545
18	1,00525	0,41793	0,70896	0,29475	1,57603
20	1,00583	0,41835	0,70916	0,29495	1,57661
22	1,00642	0,41876	0,70937	0,29516	1,57720
24	1,00701	0,41918	0,70957	0,29537	1,57778
26	1,00759	0,41959	0,70978	0,29557	1,57836
28	1,00818	0,42001	0,70998	0,29578	1,57894
30	1,00876	0,42042	0,71019	0,29598	1,57952
32	1,00935	0,42084	0,71039	0,29619	1,58010
34	1,00994	0,42126	0,71059	0,29640	1,58069
36	1,01053	0,42168	0,71080	0,29661	1,58127
38	1,01112	0,42209	0,71100	0,29681	1,58185
40	1,01170	0,42251	0,71121	0,29702	1,58243
42	1,01229	0,42293	0,71141	0,29723	1,58301
44	1,01288	0,42335	0,71162	0,29743	1,58360
46	1,01347	0,42377	0,71182	0,29764	1,58418
48	1,01406	0,42419	0,71203	0,29785	1,58476
50	1,01465	0,42461	0,71223	0,29805	1,58534
52	1,01524	0,42503	0,71243	0,29826	1,58592
54	1,01583	0,42545	0,71264	0,29847	1,58650
56	1,01642	0,42587	0,71284	0,29868	1,58709
58	1,01702	0,42630	0,71305	0,29888	1,58767
60	1,01761	0,42672	0,71325	0,29909	1,58825

$\alpha = 91^o$

Minutos	Tangente *AB*	Distancia al vértice *BD*	Abscisa *AE* y semicuerda *AF*	Ordenada *ED* flecha *DF*	Longitud del arco *ADC*
	$tg \frac{\alpha}{2}$	$sec \frac{\alpha}{2} - 1$	$sen \frac{\alpha}{2}$	$1 - cos \frac{\alpha}{2}$	$\frac{\pi \alpha}{180}$
0	1,01761	0,42672	0,71325	0,29909	1,58825
2	1,01820	0,42714	0,71345	0,29930	1,58883
4	1,01879	0,42756	0,71366	0,29951	1,58941
6	1,01939	0,42799	0,71386	0,29971	1,59000
8	1,01998	0,42841	0,71407	0,29992	1,59058
10	1,02057	0,42883	0,71427	0,30013	1,59116
12	1,02117	0,42926	0,71447	0,30034	1,59174
14	1,02176	0,42968	0,71468	0,30054	1,59232
16	1,02236	0,43011	0,71488	0,30075	1,59290
18	1,02295	0,43053	0,71508	0,30096	1,59349
20	1,02355	0,43096	0,71529	0,30117	1,59407
22	1,02414	0,43139	0,71549	0,30138	1,59465
24	1,02474	0,43181	0,71569	0,30158	1,59523
26	1,02533	0,43224	0,71590	0,30179	1,59581
28	1,02593	0,43267	0,71610	0,30200	1,59639
30	1,02653	0,43310	0,71630	0,30221	1,59698
32	1,02713	0,43352	0,71650	0,30242	1,59756
34	1,02772	0,43395	0,71671	0,30263	1,59814
36	1,02832	0,43438	0,71691	0,30283	1,59872
38	1,02892	0,43481	0,71711	0,30304	1,59930
40	1,02952	0,43524	0,71732	0,30325	1,59989
42	1,03012	0,43567	0,71752	0,30346	1,60047
44	1,03072	0,43610	0,71772	0,30367	1,60105
46	1,03132	0,43653	0,71792	0,30388	1,60163
48	1,03192	0,43696	0,71813	0,30409	1,60221
50	1,03252	0,43739	0,71833	0,30430	1,60279
52	1,03312	0,43783	0,71853	0,30451	1,60338
54	1,03372	0,43826	0,71873	0,30471	1,60396
56	1,03433	0,43869	0,71894	0,30492	1,60454
58	1,03493	0,43912	0,71914	0,30513	1,60512
60	1,03553	0,43956	0,71934	0,30534	1,60570

$\alpha = 92°$

Minutos	Tangente *AB*	Distancia al vértice *BD*	Abscisa *AE* y semicuerda *AF*	Ordenada *ED* flecha *DF*	Longitud del arco *ADC*
	$\text{tg}\,\frac{\alpha}{2}$	$\sec\frac{\alpha}{2} - 1$	$\text{sen}\,\frac{\alpha}{2}$	$1 - \cos\frac{\alpha}{2}$	$\frac{\pi\,\alpha}{180}$
0	1,03553	0,43956	0,71934	0,30534	1,60570
2	1,03613	0,43999	0,71954	0,30555	1,60628
4	1,03674	0,44042	0,71974	0,30576	1,60687
6	1,03734	0,44086	0,71995	0,30597	1,60745
8	1,03794	0,44129	0,72015	0,30618	1,60803
10	1,03855	0,44173	0,72035	0,30639	1,60861
12	1,03915	0,44216	0,72055	0,30660	1,60919
14	1,03976	0,44260	0,72075	0,30681	1,60978
16	1,04037	0,44304	0,72095	0,30702	1,61036
18	1,04097	0,44347	0,72116	0,30723	1,61094
20	1,04158	0,44391	0,72136	0,30744	1,61152
22	1,04218	0,44435	0,72156	0,30765	1,61210
24	1,04279	0,44479	0,72176	0,30786	1,61268
26	1,04340	0,44523	0,72196	0,30807	1,61327
28	1,04401	0,44566	0,72216	0,30828	1,61385
30	1,04461	0,44610	0,72236	0,30849	1,61443
32	1,04522	0,44654	0,72257	0,30870	1,61501
34	1,04583	0,44698	0,72277	0,30891	1,61559
36	1,04644	0,44742	0,72297	0,30912	1,61618
38	1,04705	0,44786	0,72317	0,30933	1,61676
40	1,04766	0,44831	0,72337	0,30954	1,61734
42	1,04827	0,44875	0,72357	0,30975	1,61792
44	1,04888	0,44919	0,72377	0,30996	1,61850
46	1,04949	0,44963	0,72397	0,31017	1,61908
48	1,05010	0,45008	0,72417	0,31038	1,61967
50	1,05072	0,45052	0,72437	0,31059	1,62025
52	1,05133	0,45096	0,72457	0,31080	1,62083
54	1,05194	0,45140	0,72477	0,31101	1,62141
56	1,05255	0,45185	0,72497	0,31122	1,62199
58	1,05317	0,45229	0,72517	0,31143	1,62257
60	1,05378	0,45274	0,72537	0,31165	1,62316

$\alpha = 93^\circ$

Minutos	Tangente *AB*	Distancia al vértice *BD*	Abscisa *AE* y semicuerda *AF*	Ordenada *ED* flecha *DF*	Longitud del arco *ADC*
	$\operatorname{tg} \frac{\alpha}{2}$	$\sec \frac{\alpha}{2} - 1$	$\operatorname{sen} \frac{\alpha}{2}$	$1 - \cos \frac{\alpha}{2}$	$\frac{\pi \alpha}{180}$
0	1,05378	0,45274	0,72537	0,31165	1,62316
2	1,05439	0,45318	0,72557	0,31186	1,62374
4	1,05501	0,45363	0,72577	0,31207	1,62432
6	1,05562	0,45408	0,72597	0,31228	1,62490
8	1,05624	0,45454	0,72617	0,31249	1,62548
10	1,05685	0,45497	0,72637	0,31270	1,62607
12	1,05747	0,45542	0,72657	0,31291	1,62665
14	1,05809	0,45587	0,72677	0,31312	1,62723
16	1,05870	0,45631	0,72697	0,31334	1,62781
18	1,05932	0,45676	0,72717	0,31355	1,62839
20	1,05994	0,45721	0,72737	0,31376	1,62897
22	1,06056	0,45766	0,72757	0,31397	1,62956
24	1,06117	0,45811	0,72777	0,31418	1,63014
26	1,06179	0,45856	0,72797	0,31439	1,63072
28	1,06241	0,45901	0,72817	0,31461	1,63130
30	1,06303	0,45946	0,72837	0,31482	1,63188
32	1,06365	0,45992	0,72857	0,31503	1,63246
34	1,06427	0,46037	0,72877	0,31524	1,63305
36	1,06489	0,46082	0,72897	0,31545	1,63363
38	1,06551	0,46127	0,72917	0,31566	1,63421
40	1,06613	0,46173	0,72937	0,31588	1,63479
42	1,06676	0,46218	0,72957	0,31609	1,63537
44	1,06738	0,46263	0,72976	0,31630	1,63596
46	1,06800	0,46309	0,72996	0,31651	1,63654
48	1,06862	0,46354	0,73016	0,31673	1,63712
50	1,06925	0,46400	0,73036	0,31694	1,63770
52	1,06987	0,46445	0,73056	0,31715	1,63828
54	1,07049	0,46491	0,73076	0,31736	1,63886
56	1,07112	0,46536	0,73096	0,31758	1,63945
58	1,07174	0,46582	0,73116	0,31779	1,64003
60	1,07237	0,46628	0,73135	0,31800	1,64061

$\alpha = 94°$

Minutos	Tangente AB	Distancia al vértice BD	Abscisa AE y semicuerda AF	Ordenada ED flecha DF	Longitud del arco ADC
	$\operatorname{tg} \frac{\alpha}{2}$	$\sec \frac{\alpha}{2} - 1$	$\operatorname{sen} \frac{\alpha}{2}$	$1 - \cos \frac{\alpha}{2}$	$\frac{\pi \alpha}{180}$
0	1,07237	0,46628	0,73135	0,31800	1,64061
2	1,07299	0,46674	0,73155	0,31821	1,64119
4	1,07362	0,46719	0,73175	0,31843	1,64177
6	1,07425	0,46765	0,73195	0,31864	1,64235
8	1,07487	0,46811	0,73215	0,31885	1,64294
10	1,07550	0,46857	0,73234	0,31907	1,64352
12	1,07613	0,46903	0,73254	0,31928	1,64410
14	1,07676	0,46949	0,73274	0,31949	1,64468
16	1,07738	0,46995	0,73294	0,31971	1,64526
18	1,07801	0,47041	0,73314	0,31992	1,64585
20	1,07864	0,47087	0,73333	0,32013	1,64643
22	1,07927	0,47133	0,73353	0,32034	1,64701
24	1,07990	0,47180	0,73373	0,32056	1,64759
26	1,08053	0,47226	0,73393	0,32077	1,64817
28	1,08116	0,47272	0,73413	0,32099	1,64875
30	1,08179	0,47319	0,73432	0,32120	1,64934
32	1,08243	0,47365	0,73452	0,32141	1,64992
34	1,08306	0,47411	0,73472	0,32163	1,65050
36	1,08369	0,47458	0,73491	0,32184	1,65108
38	1,08432	0,47504	0,73511	0,32205	1,65166
40	1,08496	0,47551	0,73531	0,32227	1,65225
42	1,08559	0,47598	0,73551	0,32248	1,65283
44	1,08622	0,47644	0,73570	0,32270	1,65341
46	1,08686	0,47691	0,73590	0,32291	1,65399
48	1,08749	0,47738	0,73610	0,32312	1,65457
50	1,08813	0,47784	0,73629	0,32334	1,65515
52	1,08876	0,47831	0,73649	0,32355	1,65574
54	1,08940	0,47878	0,73669	0,32377	1,65632
56	1,09003	0,47925	0,73688	0,32398	1,65690
58	1,09067	0,47972	0,73708	0,32420	1,65748
60	1,09131	0,48019	0,73728	0,32441	1,65806

$\alpha = 95^\circ$

Minutos	Tangente *AB* $\operatorname{tg} \frac{\alpha}{2}$	Distancia al vértice *BD* $\sec \frac{\alpha}{2} - 1$	Abscisa *AE* y semicuerda *AF* $\operatorname{sen} \frac{\alpha}{2}$	Ordenada *ED* flecha *DF* $1 - \cos \frac{\alpha}{2}$	Longitud del arco *ADC* $\frac{\pi \alpha}{180}$
0	1,09131	0,48019	0,73728	0,32441	1,65806
2	1,09195	0,48066	0,73747	0,32462	1,65864
4	1,09258	0,48113	0,73767	0,32484	1,65923
6	1,09322	0,48160	0,73787	0,32505	1,65981
8	1,09386	0,48207	0,73806	0,32527	1,66039
10	1,09450	0,48254	0,73826	0,32548	1,66097
12	1,09514	0,48301	0,73846	0,32570	1,66155
14	1,09578	0,48349	0,73865	0,32591	1,66214
16	1,09642	0,48396	0,73885	0,32613	1,66272
18	1,09706	0,48443	0,73904	0,32634	1,66330
20	1,09770	0,48491	0,73924	0,32656	1,66388
22	1,09834	0,48538	0,73944	0,32677	1,66446
24	1,09899	0,48586	0,73963	0,32699	1,66504
26	1,09963	0,48633	0,73983	0,32720	1,66563
28	1,10027	0,48681	0,74002	0,32742	1,66621
30	1,10091	0,48728	0,74022	0,32763	1,66679
32	1,10156	0,48776	0,74041	0,32785	1,66737
34	1,10220	0,48824	0,74061	0,32806	1,66795
36	1,10285	0,48871	0,74080	0,32828	1,66854
38	1,10349	0,48919	0,74100	0,32849	1,66912
40	1,10414	0,48967	0,74120	0,32871	1,66970
42	1,10478	0,49015	0,74139	0,32893	1,67028
44	1,10543	0,49064	0,74159	0,32914	1,67086
46	1,10607	0,49111	0,74178	0,32936	1,67144
48	1,10672	0,49159	0,74198	0,32957	1,67203
50	1,10737	0,49207	0,74217	0,32979	1,67261
52	1,10802	0,49255	0,74237	0,33000	1,67319
54	1,10866	0,49303	0,74256	0,33022	1,67377
56	1,10931	0,49351	0,74276	0,33044	1,67435
58	1,10996	0,49399	0,74295	0,33065	1,67493
60	1,11061	0,49448	0,74315	0,33087	1,67552

$\alpha = 96°$

Minutos	Tangente *AB*	Distancia al vértice *BD*	Abscisa *AE* y semicuerda *AF*	Ordenada *ED* flecha *DF*	Longitud del arco *ADC*
	$\operatorname{tg} \frac{\alpha}{2}$	$\sec \frac{\alpha}{2} - 1$	$\operatorname{sen} \frac{\alpha}{2}$	$1 - \cos \frac{\alpha}{2}$	$\frac{\pi \alpha}{180}$
0	1,11061	0,49448	0,74315	0,33087	1,67552
2	1,11126	0,49496	0,74334	0,33108	1,67610
4	1,11191	0,49544	0,74353	0,33130	1,67668
6	1,11256	0,49593	0,74373	0,33152	1,67726
8	1,11322	0,49641	0,74392	0,33174	1,67784
10	1,11387	0,49670	0,74412	0,33195	1,67842
12	1,11452	0,49738	0,74431	0,33217	1,67901
14	1,11517	0,49787	0,74451	0,33238	1,67959
16	1,11582	0,49835	0,74470	0,33260	1,68017
18	1,11648	0,49884	0,74489	0,33282	1,68075
20	1,11713	0,49933	0,74509	0,33303	1,68133
22	1,11778	0,49981	0,74528	0,33325	1,68192
24	1,11844	0,50030	0,74548	0,33347	1,68250
26	1,11909	0,50079	0,74567	0,33368	1,68308
28	1,11975	0,50128	0,74586	0,33390	1,68366
30	1,12041	0,50177	0,74606	0,33412	1,68424
32	1,12106	0,50226	0,74625	0,33433	1,68482
34	1,12172	0,50275	0,74644	0,33455	1,68541
36	1,12238	0,50324	0,74664	0,33477	1,68599
38	1,12303	0,50373	0,74683	0,33499	1,68657
40	1,12369	0,50422	0,74703	0,33520	1,68715
42	1,12435	0,50471	0,74722	0,33542	1,68773
44	1,12501	0,50520	0,74741	0,33564	1,68832
46	1,12567	0,50570	0,74761	0,33586	1,68890
48	1,12633	0,50619	0,74780	0,33607	1,68948
50	1,12699	0,50668	0,74799	0,33629	1,69006
52	1,12765	0,50718	0,74818	0,33651	1,69064
54	1,12831	0,50767	0,74838	0,33673	1,69122
56	1,12897	0,50817	0,74857	0,33694	1,69181
58	1,12963	0,50866	0,74876	0,33716	1,69239
60	1,13029	0,50916	0,74896	0,33738	1,69297

$\alpha = 97°$

Minutos	Tangente *AB*	Distancia al vértice *BD*	Abscisa *AE* y semicuerda *AF*	Ordenada *ED* flecha *DF*	Longitud del arco *ADC*
	$\operatorname{tg} \frac{\alpha}{2}$	$\sec \frac{\alpha}{2} - 1$	$\operatorname{sen} \frac{\alpha}{2}$	$1 - \cos \frac{\alpha}{2}$	$\frac{\pi \alpha}{180}$
0	1,13029	0,50916	0,74896	0,33738	1,69297
2	1,13096	0,50966	0,74915	0,33760	1,69355
4	1,13162	0,51015	0,74934	0,33782	1,69413
6	1,13228	0,51065	0,74953	0,33803	1,69471
8	1,13295	0,51115	0,74973	0,33825	1,69530
10	1,13361	0,51165	0,74992	0,33847	1,69588
12	1,13428	0,51215	0,75011	0,33869	1,69646
14	1,13494	0,51264	0,75030	0,33891	1,69704
16	1,13561	0,51314	0,75050	0,33912	1,69762
18	1,13627	0,51364	0,75069	0,33934	1,69821
20	1,13694	0,51415	0,75088	0,33956	1,69879
22	1,13761	0,51465	0,75107	0,33978	1,69937
24	1,13828	0,51515	0,75126	0,34000	1,69995
26	1,13894	0,51565	0,75146	0,34022	1,70053
28	1,13961	0,51615	0,75165	0,34044	1,70111
30	1,14028	0,51665	0,75184	0,34065	1,70170
32	1,14095	0,51716	0,75203	0,34087	1,70228
34	1,14162	0,51766	0,75222	0,34109	1,70286
36	1,14229	0,51817	0,75242	0,34131	1,70344
38	1,14296	0,51867	0,75261	0,34153	1,70402
40	1,14363	0,51918	0,75280	0,34175	1,70460
42	1,14430	0,51968	0,75299	0,34197	1,70519
44	1,14498	0,52019	0,75318	0,34219	1,70577
46	1,14565	0,52069	0,75337	0,34241	1,70635
48	1,14632	0,52120	0,75356	0,34262	1,70693
50	1,14699	0,52171	0,75375	0,34284	1,70751
52	1,14767	0,52222	0,75395	0,34306	1,70810
54	1,14734	0,52273	0,75414	0,34328	1,70868
56	1,14902	0,52323	0,75433	0,34350	1,70926
58	1,14969	0,52374	0,75452	0,34372	1,70948
60	1,15037	0,52425	0,75471	0,34394	1,71042

$\alpha = 98^{\circ}$

Minutos	Tangente *AB*	Distancia al vértice *BD*	Abscisa *AE* y semicuerda *AF*	Ordenada *ED* flecha *DF*	Longitud del arco *ADC*
	$\operatorname{tg} \frac{\alpha}{2}$	$\sec \frac{\alpha}{2} - 1$	$\operatorname{sen} \frac{\alpha}{2}$	$1 - \cos \frac{\alpha}{2}$	$\frac{\pi \alpha}{180}$
0	1,15037	0,52425	0,75471	0,34394	1,71042
2	1,15104	0,52476	0,75490	0,34416	1,71100
4	1,15172	0,52527	0,75509	0,34438	1,71159
6	1,15240	0,52579	0,75528	0,34466	1,71217
8	1,15307	0,52630	0,75547	0,34482	1,71275
10	1,15375	0,52681	0,75566	0,34504	1,71333
12	1,15344	0,52732	0,75585	0,34526	1,71391
14	1,15511	0,52783	0,75604	0,34548	1,71450
16	1,15579	0,52835	0,75623	0,34570	1,71508
18	1,15647	0,52886	0,75642	0,34592	1,71566
20	1,15715	0,52938	0,75661	0,34614	1,71624
22	1,15783	0,52989	0,75681	0,34636	1,71682
24	1,15851	0,53041	0,75700	0,34658	1,71740
26	1,15919	0,53092	0,75719	0,34680	1,71799
28	1,15988	0,53144	0,75738	0,34702	1,71857
30	1,16056	0,53196	0,75757	0,34724	1,71915
32	1,16124	0,53247	0,75775	0,34746	1,71973
34	1,16192	0,53299	0,75794	0,34768	1,72031
36	1,16261	0,53351	0,75813	0,34790	1,72090
38	1,16329	0,53403	0,75832	0,34812	1,72148
40	1,16398	0,53455	0,75851	0,34834	1,72206
42	1,16466	0,53507	0,75870	0,34856	1,72264
44	1,16535	0,53559	0,75889	0,34878	1,72322
46	1,16603	0,53611	0,75908	0,34900	1,72380
48	1,16672	0,53663	0,75927	0,34923	1,72439
50	1,16731	0,53715	0,75946	0,34945	1,72497
52	1,16809	0,53768	0,75965	0,34967	1,72555
54	1,16878	0,53820	0,75984	0,34989	1,72613
56	1,16947	0,53872	0,76003	0,35011	1,72671
58	1,17016	0,53924	0,76022	0,35033	1,72729
60	1,17085	0,53977	0,76041	0,35055	1,72788

$\alpha = 99^{\circ}$

Minutos	Tangente *AB*	Distancia al vértice *BD*	Abscisa *AE* y semicuerda *AF*	Ordenada *ED* flecha *DF*	Longitud del arco *ADC*
	$\operatorname{tg} \frac{\alpha}{2}$	$\sec \frac{\alpha}{2} - 1$	$\operatorname{sen} \frac{\alpha}{2}$	$1 - \cos \frac{\alpha}{2}$	$\frac{\pi \alpha}{180}$
0	1,17085	0,53977	0,76041	0,35055	1,72788
2	1,17154	0,54029	0,76059	0,35077	1,72846
4	1,17223	0,54082	0,76078	0,35099	1,72904
6	1,17292	0,54134	0,76097	0,35122	1,72962
8	1,17361	0,54187	0,76116	0,35144	1,73020
10	1,17430	0,54240	0,76135	0,35166	1,73078
12	1,17500	0,54292	0,76154	0,35188	1,73137
14	1,17569	0,54345	0,76173	0,35210	1,73195
16	1,17638	0,54398	0,76192	0,35232	1,73253
18	1,17708	0,54451	0,76210	0,35254	1,73311
20	1,17777	0,54504	0,76229	0,35277	1,73369
22	1,17846	0,54557	0,76248	0,35299	1,73428
24	1,17916	0,54610	0,76267	0,35321	1,73486
26	1,17986	0,54663	0,76286	0,35343	1,73544
28	1,18055	0,54716	0,76304	0,35365	1,73602
30	1,18125	0,54769	0,76323	0,35388	1,73660
32	1,18195	0,54822	0,76342	0,35410	1,73718
34	1,18264	0,54876	0,76361	0,35432	1,73777
36	1,18334	0,54929	0,76380	0,35454	1,73835
38	1,18404	0,54982	0,76398	0,35476	1,73893
40	1,18474	0,55035	0,76417	0,35499	1,73951
42	1,18544	0,55089	0,76436	0,35521	1,74009
44	1,18614	0,55143	0,76455	0,35543	1,74068
46	1,18684	0,55196	0,76473	0,35565	1,74126
48	1,18754	0,55250	0,76492	0,35588	1,74184
50	1,18824	0,55303	0,76511	0,35610	1,74242
52	1,18894	0,55357	0,76530	0,35632	1,74300
54	1,18964	0,55411	0,76548	0,35654	1,74358
56	1,19035	0,55465	0,76567	0,35677	1,74417
58	1,19105	0,55519	0,76586	0,35699	1,74475
60	1,19175	0,55572	0,76604	0,35721	1,74533

ORDENADAS DE LOS ARCOS CIRCULARES CON RELACION A LA TANGENTE EN EL EXTREMO.

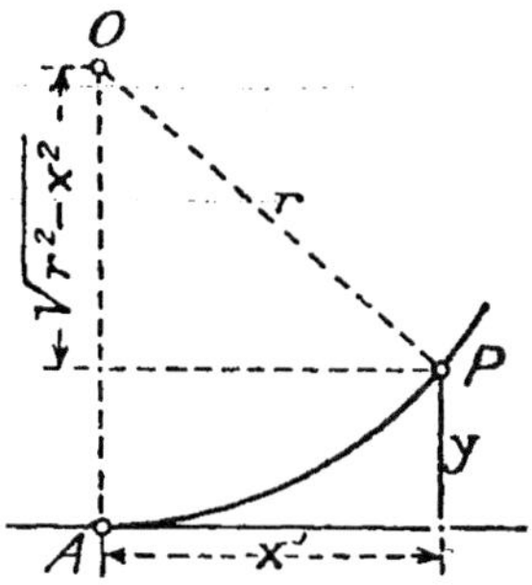

Abscisas	Ordenadas para los radios									Abscisas
	20	25	30	35	40	50	60	70	80	
2	0,100	0,080	0,067	0,057	0,050	—	—	—	—	2
4	0,404	0,322	0,268	0,229	0,201	—	—	—	—	4
5	—	—	—	—	—	0,251	0,209	0,179	0,156	5
6	0,921	0,731	0,606	0,518	0,453	—	—	—	—	6
8	1,67	1,32	1,09	0,927	0,808	—	—	—	—	8
10	2,68	2,09	1,72	1,46	1,27	1,01	0,839	0,718	0,627	10
12	4,00	3,07	2,51	2,12	1,84	—	—	—	—	12
14	5,72	4,29	3,47	2,92	2,53	—	—	—	—	14
15	—	—	—	—	—	2,30	1,91	1,63	1,42	15
16	8,00	5,79	4,62	3,87	3,34	—	—	—	—	16
18	11,28	7,65	6,00	4,98	4,28	—	—	—	—	18
20	20,00	10,00	7,64	6,28	5,36	4,17	3,43	2,92	2,54	20
22		13,13	9,60	7,78	6,59	—	—	—	—	22
24		18,00	12,00	9,52	8,00	—	—	—	—	24
25		25,00	—	—	—	6,70	5,46	4,62	4,01	25
26			15,03	11,57	9,60	—	—	—	—	26
28			19,23	14,00	11,43	—	—	—	—	28
30			30,00	16,97	13,54	10,00	8,04	6,75	5,84	30
35				35,00	—	14,29	11,27	9,38	8,06	35
40					40,00	20,00	15,28	12,55	10,72	40
45						28,21	20,31	16,38	13,86	45
50						50,00	26,83	21,01	17,55	50
55							36,02	26,70	21,91	55
60							60,00	33,94	27,09	60

A	90	100	110	120	130	140	150	160	170	A
5	0,139	0,125	0,114	0,104	0,096	0,089	—	—	—	5
10	0,557	0,501	0,455	0,417	0,385	0,358	0,334	0,313	0,294	10
15	1,26	1,13	1,03	0,941	0,868	0,806	—	—	—	15
20	2,25	2,02	1,83	1,68	1,55	1,44	1,34	1,26	1,18	20
25	3,54	3,18	2,88	2,63	2,43	2,25	—	—	—	25
30	5,15	4,61	4,17	3,81	3,51	3,25	3,03	2,84	2,67	30
35	7,08	6,33	5,72	5,22	4,80	4,45	—	—	—	35
40	9,38	8,35	7,53	6,86	6,31	5,84	5,43	5,08	4,77	40
45	12,06	10,70	9.63	8,76	8,04	7,43	—	—	—	45
50	15,17	13,40	12,02	10,91	10,00	9,23	8,58	8,01	7,52	50
55	18,76	16,48	14,74	13,35	12,21	11,26	—	—	—	55
60	22,92	20,00	17,81	16,08	14,67	13,51	12,52	11,68	10,94	60
65		24,01	21,26	19,13	17,42	16,00	—	—	—	65
70		28,59	25,15	22,53	20,46	18,76	17,34	16,13	15,08	70
75		33,86	29,53	26,33	23,82	21,78	—	—	—	75
80							23,11	21,44	20,00	80
90							30,00	27,71	25,78	90
100							38,20	35,10	32,52	100

Ordenadas para los radios

Abscisas	180	190	200	210	220	230	240	250	260	Abscisas
10	0,278	0,263	0,250	0,238	0,227	0,218	0,208	0,200	0,192	10
20	1,12	1,06	1,00	0,955	0,911	0,871	0,835	0,801	0,770	20
30	2,52	2,38	2,26	2,15	2,06	1,97	1,88	1,81	1,74	30
40	4,50	4,26	4,04	3,85	3,67	3,51	3,36	3,22	3,10	40
50	7,08	6,70	5,35	6,04	5,76	5,50	5,27	5,05	4,85	50
60	10,29	9,72	9,21	8,75	8,34	7,96	7,62	7,31	7,02	60
70	14,17	13,37	12,65	12,01	11,43	10,91	10,44	10,00	9,60	70
80	18,76	17,66	16,70	15,84	15,06	14,36	13,73	13,15	12,61	80
90	24,12	22,67	21,39	20,26	19,25	18,34	17,51	16,76	16,07	90
100	30,33	28,45	26,80	25,34	24,04	22,88	21,83	20,87	20,00	100
110			32,97	31,12	29,47	28,01	26,69	25,50	24,42	110

A	270	280	290	300	325	350	375	400	425	A
10	0,185	0,179	0,172	0,167	0,154	0,143	0,133	0,125	0,117	10
20	0,742	0,715	0,690	0,667	0,616	0,572	0,534	0,550	0,471	20
30	1,67	1,61	1,56	1,50	1,39	1,29	1,20	1,13	1,06	30
40	2,98	2,87	2,77	2,68	2,47	2,29	2,14	2,01	1,89	40
50	4,67	4,50	4,34	4,20	3,87	3,59	3,35	3,14	2,95	50
60	6,75	6,50	6,28	6,06	5,59	5,18	5,83	4,53	4,26	60
70	9,23	8,89	8,58	8,28	7,63	7,07	6,59	6,17	5,80	70
80	12,12	11,67	11,25	10,86	10,00	9,27	8,63	8,08	7,60	80
90	15,44	14,86	14,32	13,82	12,71	11,77	10,96	10,26	9,64	90
100	19,20	18,47	17,79	17,16	15,77	14,59	13,58	12,70	11,93	100
110	23,42	22,51	21,67	20,89	19,18	17,74	16,50	15,42	14,48	110
120	28,13	27,02	25,99	25,05	22,97	21,21	19,72	18,42	17,29	120

A	450	475	500	525	550	575	600	625	650	A
10	0,111	0,105	0,100	0,095	0,091	0,087	0,083	0,080	0,077	10
20	0,445	0,421	0,400	0,382	0,364	0,348	0,333	0,320	0,308	20
30	1,00	0,95	0,901	0,858	0,819	0,784	0,750	0,719	0,693	30
40	1,78	1,69	1,60	1,53	1,46	1,39	1,34	1,28	1,23	40
50	2,79	2,64	2,51	2,39	2,28	2,18	2,09	2,00	1,93	50
60	4,02	3,81	3,61	3,44	3,28	3,14	3,01	2,89	2,78	60
70	5,48	5,19	4,92	4,69	4,47	4,28	4,10	3,93	3,78	70
80	7,17	6,79	6,44	6,13	5,85	5,59	5,36	5,14	4,94	80
90	9,09	8,60	8,17	7,77	7,41	7,09	6,79	6,51	6,26	90
100	11,25	10,65	10,10	9,61	9,17	8,76	8,39	8,05	7,74	100
110	13,65	12,91	12,25	11,65	11,11	10,62	10,17	9,76	9,38	110
120	16,30	15,41	14,61	13,90	13,25	12,66	12,12	11,63	11,17	120
130	19,19	18,14	17,20	16,35	15,58	14,89	14,25	13,67	13,13	130
140	22,33	21,10	20,00	19,01	18,12	17,30	16,56	15,88	15,26	140
150	25,74	24,31	23,03	21,88	20,85	19,91	19,05	18,27	17,54	150
160	29,41	27,76	26,29	24,98	23,79	22,71	21,73	20,83	20,00	160
170	33,35	31,46	29,79	28,29	26,93	25,71	24,59	23,56	22,62	170
180	37,57	35,43	33,52	31,82	30,29	28,90	27,64	26,48	25,42	180

Abscisas	Ordenadas para los radios									Abscisas
	675	700	725	750	775	800	850	900	950	
10	0,073	0,072	0,069	0,067	0,064	0,062	0,059	0,056	0,053	10
20	0,296	0,286	0,276	0,267	0,258	0,250	0,236	0,222	0,210	20
30	0,667	0,643	0,622	0,600	0,581	0,563	0,530	0,500	0,473	30
40	1,19	1,14	1,10	1,07	1,03	1,00	0,94	0,889	0,843	40
50	1,85	1,79	1,73	1,67	1,61	1,56	1,47	1,39	1,32	50
60	2,67	2,58	2,49	2,40	2,33	2,25	2,12	2,00	1,90	60
70	3,64	3,51	3,39	3,27	3,17	3,07	2,89	2,73	2,58	70
80	4,76	4,59	4,43	4,28	4,14	4,01	3,77	3,56	3,37	80
90	6,03	5,81	5,61	5,42	5,24	5,08	4,78	4,51	4,27	90
100	7,45	7,18	6,93	6,70	6,48	6,27	5,90	5,57	5,28	100
110	9,02	8,70	8,39	8,11	7,85	7,60	7,15	6,75	6,39	110
120	10,75	10,36	10,00	9,66	9,35	9,05	8,51	8,04	7,61	120
130	12,64	12,18	11,75	11,35	10,98	10,63	10,00	9,44	8,94	130
140	14,68	14,14	13,65	13,18	12,75	12,35	11,61	10,96	10,37	140
150	16,88	16,26	15,69	15,15	14,65	14,19	13,34	12,59	11,92	150
160	19,24	18,53	17,88	17,27	16,70	16,16	15,20	14,34	13,57	160
170	21,76	20,96	20,21	19,52	18,87	18,27	17,17	16,20	15,33	170
180	24,44	23,54	22,70	21,92	21,19	20,51	19,28	18,18	17,21	180
190	27,29	26,28	25,34	24,47	23,65	22,89	21,51	20,28	19,19	190
200	29,61	29,18	28,13	27,16	26,25	25,40	23,86	22,50	21,29	200
210	33,50	32,24	31,08	30,00	28,99	28,05	26,35	24,84	23,50	210
220	36,86	35,47	34,19	32,99	31,88	30,84	28,96	27,30	25,82	220

A	1000	1100	1200	1300	1400	1500	1600	1700	1800	A
20	0,200	0,182	0,167	0,154	0,143	0,133	0,125	0,118	0,111	20
40	0,800	0,728	0,667	0,616	0,572	0,533	0,500	0,471	0,444	40
60	1,80	1,64	1,50	1,39	1,29	1,20	1,13	1,06	1,00	60
80	3,21	2,91	2,67	2,46	2,29	2,14	2,00	1,88	1,78	80
100	5,01	4,55	4,17	3,85	3,58	3,34	3,13	2,94	2,78	100
120	7,23	6,57	6,02	5,55	5,15	4,81	4,51	4,24	4,00	120
140	9,85	8,95	8,20	7,56	7,02	6,55	6,14	5,78	5,45	140
160	12,88	11,70	10,72	9,88	9,17	8,56	8,02	7,55	7,13	160
180	16,33	14,83	13,58	12,52	11,62	10,84	10,16	9,56	9,02	180
200	20,20	18,34	16,78	15,48	14,36	13,39	12,55	11,81	11,15	200
220	24,50	22,22	20,34	18,75	18,39	16,22	15,20	14,30	13,50	220
240		26,50	24,25	22,35	20,73	19,32	18,10	17,03	16,07	240
260		31,17	28,51	26,27	24,36	22,71	21,27	20,00	18,88	260
280		36,23	33,12	30,51	28,29	26,37	24,69	23,22	21,91	280
300							28,38	26,68	25,18	300
320							32,33	30,39	28,67	320

Abscisas	Ordenadas para los radios									Abscisas
	1900	2000	2250	2500	3000	4000	5000	6000	8000	
5	—	0,006	0,005	0,005	0,004	0,003	0,002	0,002	0,001	5
10	—	0,025	0,022	0,020	0,017	0,012	0,010	0,008	0,006	10
15	—	0,056	0,050	0,045	0,038	0,028	0,023	0,019	0,014	15
20	0,105	0,100	0,089	0,080	0,067	0,050	0,040	0,033	0,025	20
25	—	0,157	0,138	0,125	0,104	0,078	0,063	0,052	0,039	25
30	—	0,225	0,200	0,180	0,150	0,112	0,090	0,075	0,056	30
35	—	0,306	0,272	0,245	0,204	0,153	0,123	0,102	0,076	35
40	0,421	0,400	0,355	0,320	0,267	0,200	0,160	0,133	0,100	40
45	—	0,506	0,450	0,405	0,338	0,253	0,203	0,169	0,126	45
50	—	0,625	0,556	0,500	0,417	0,312	0,250	0,208	0,156	50
55	—	0,752	0,673	0,605	0,504	0,378	0,303	0,252	0,189	55
60	0,948	0,900	0,800	0,720	0,600	0,450	0,360	0,300	0,225	60
65	—	1,051	0,939	0,845	0,704	0,528	0,423	0,352	0,264	65
70	—	1,225	1,089	0,980	0,817	0,612	0,490	0,408	0,306	70
75	—	1,407	1,250	1,125	0,938	0,703	0,563	0,469	0,351	75
80	1,69	1,601	1,423	1,280	1,067	0,800	0,640	0,533	0,400	80
85	—	1,807	1,606	1,446	1,204	0,903	0,723	0,602	0,451	85
90	—	2,030	1,801	1,621	1,350	1,012	0,810	0,675	0,506	90
95	—	2,258	2,006	1,806	1,504	1,128	0,903	0,752	0,564	95
100	2,63	2,501	2,224	2,000	1,667	1,250	1,000	0,833	0,625	100
110	—	3,027	2,691	2,421	2,017	1,512	1,210	1,008	0,756	110
120	3,79	3,603	3,202	2,882	2,401	1,800	1,441	1,20	0,90	120
130	—	4,229	3,759	3,382	2,818	2,113	1,69	1,41	1,06	130
140	5,17	4,906	4,360	3,923	3,269	2,451	1,96	1,63	1,22	140
150	—	5,633	5,005	4,504	3,752	2,814	2,25	1,88	1,41	150
160	6,75	6,410	5,696	5,125	4,270	3,201	2,56	2,13	1,60	160
170	—	7,24	6,43	5,79	4,82	3,62	2,89	2,41	1,81	170
180	8,55	8,12	7,21	6,49	5,41	4,05	3,24	2,70	2,02	180
190	—	9,05	8,04	7,23	6,02	4,52	3,61	3,01	2,26	190
200	10,56	10,03	8,91	8,01	6,67	5,00	4,00	3,33	2,50	200
210	—	11,06	9,82	8,84	7,36	5,52	4,41	3,68	2,76	210
220	12,78	12,14	10,78	9,70	8,08	6,06	4,84	4,03	3,03	220
230	—	13,27	11,79	10,61	8,83	6,62	5,29	4,41	3,31	230
240	15,22	14,45	12,84	11,55	9,62	7,21	5,76	4,80	3,60	240
250	—	15,69	13,93	12,53	10,44	7,82	6,25	5,21	3,91	250
260	17,87	16,97	15,07	13,56	11,29	8,46	6,77	5,64	4,23	260
270	—	18,31	16,26	14,62	12,18	9,12	7,30	6,08	4,56	270
280	20,75	19,70	17,49	15,73	13,10	9,81	7,85	6,54	4,90	280
290	—	21,14	18,77	16,88	14,05	10,53	8,42	7,02	5,26	290
300	23,83	22,63	20,09	18,06	15,04	11,27	9,01	7,50	5,63	300
310	—	24,17	21,46	19,29	16,06	12,03	9,62	8,01	6,01	310
320	27,14	25,77	22,87	20,56	17,11	12,82	10,25	8,53	6,40	320
330		27,41	24,33	21,88	18,20	13,64	10,90	9,08	6,81	330
340		29,11	25,84	23,23	19,33	14,48	11,57	9,66	7,23	340
350		30,86	27,39	24,62	20,49	15,34	12,26	10,22	7,66	350
360		32,67	28,99	26,06	21,68	16,23				360

Abscisas	Ordenadas para los radios		Abscisas	Ordenadas para los radios		Abscisas	Ordenadas para los radios	
	10000	**15000**		**10000**	**15000**		**10000**	**15000**
5	0,001	0,001	**85**	0,361	0,241	**210**	2,20	1,47
10	0,005	0,003	**90**	0,405	0,270	**220**	2,42	1,61
15	0,011	0,008	**95**	0,451	0,301	**230**	2,64	1,76
20	0,020	0,013	**100**	0,500	0,333	**240**	2,88	1,92
25	0,031	0,021	**105**	0,551	0,368	**250**	3,12	2,08
30	0,045	0,030	**110**	0,605	0,403	**260**	3,38	2,26
35	0,061	0,041	**115**	0,661	0,441	**270**	3,65	2,43
40	0,080	0,053	**120**	0,720	0,480	**280**	3,92	2,62
45	0,101	0,068	**130**	0,84	0,56	**290**	4,20	2,81
50	0,125	0,083	**140**	0,98	0,65	**300**	4,50	3,00
55	0,151	0,101	**150**	1,12	0,75	**310**	4,80	3,21
60	0,180	0,120	**160**	1,28	0,85	**320**	5,12	3,42
65	0,211	0,141	**170**	1,44	0,96	**330**	5,45	3,63
70	0,245	0,167	**180**	1,62	1,08	**340**	5,78	3,86
75	0,281	0,188	**190**	1,80	1,20	**350**	6,13	4,09
80	0,320	0,213	**200**	2,00	1,33			

LOS ANGULOS DE LAS CUERDAS CON LA TANGENTE Y DISTANCIAS DE LOS PUNTOS SUCESIVOS

TEORIA Y APLICACION DEL METODO

La teoría del método citado se funda en los dos principios de geometría elemental siguientes:

1.° En un mismo círculo, o en círculos iguales, cuerdas iguales subtienden arcos iguales.

2.° En un mismo círculo, o en círculos igules, los ángulos inscriptos son proporcionales a los arcos comprendidos entre sus lados.

Tomemos como ejemplo el caso de las dos alineaciones Sa y Sb, que forman entre sí un ángulo S, y que queremos reunir por medio de una curva de radio R, siendo T y T¹ sus dos puntos de tangencia.

Si a partir de T trazamos cuerdas consecutivas iguales T1, 1,2, 2,3, ... los arcos T1, 1,2, 2,3, ... serán iguales entre sí y los ángulos inscriptos formados por la tangente TS y las cuerdas T1, T2, T3, ... estarán entre sí en la relación de los números 1, 2, 3, ...; es decir, que si el primero de ellos tiene un valor α, el segundo valdrá 2α, el tercero 3α y así los demás.

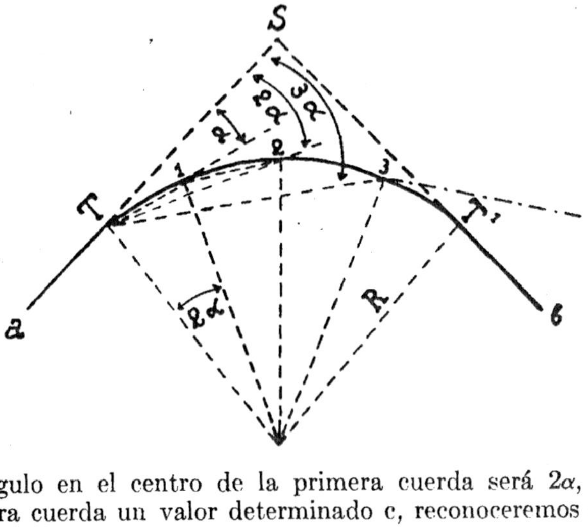

El ángulo en el centro de la primera cuerda será 2α, y dando a esta primera cuerda un valor determinado c, reconoceremos el de α por la fórmula:

$$\text{sen a} = \frac{\frac{1}{2}\,c}{R}.$$

La flecha: $F = R - R\cos\alpha$.

El desarrollo: $D = \dfrac{2\,\pi\,R\,\alpha}{360}$.

Para poner en práctica y aplicar sobre el terreno este método de replanteo, procederemos de la menera siguiente:

Conocido por los datos o medido directamente el ángulo S que forman entre sí las dos alineaciones, y conocidas también o calculadas las dos tangentes ST y ST¹, procederemos a medir desde el vértice y fijar con exactitud sobre las direcciones de esas tangentes los dos puntos de contacto T y T^1.

Colocado un taquímetro en estación T, puestos en coincidencia el cero del círculo horizontal y el del nonius correspondiente, alinearemos con el vértice S o dirección de la tangente ST, y fija esta dirección, abriremos sobre ellas, sucesivamente, los ángulos ST1, ST2, ST3, ... que darán direcciones de las cuerdas T1, T2, T3.

Obtenida la dirección T1, mediremos sobre ella, a partir de T, la longitud de la cuerda T1 = c, y fijaremos el punto 1. Dada por el instrumento la dirección T2, volveremos a medir la longitud c a partir del punto 1 y su intersección con la dirección T2 nos dará el punto 2, y asi sucesivamente fijaremos todos los puntos de la curva.

Es buena practica, cuado el desarrollo es superior a 200 metros, trazar media curva partiendo del punto de tangencia T y la otra media partiendo de T^1. Si el desarrollo fuera muy extenso o en su trayecto hubiera obstáculos a la visualidad desde las tangentes de entrada y salida, podemos emplear tangentes auxiliares obtenidas del siguiente modo:

Supóngase colocado un punto cualquiera, tal como el 3, estacionado el instrumento en este punto y alineado con T; abriremos sobre la cuerda T3 el mismo ángulo que haya servido para fijar el punto 3, y obtendremos una dirección tangente en 3 a la curva; sobre ella se opera como con las primitivas.

Disposición y uso de la tabla.

Cada una de las tablillas parciales está titulada en su parte superior por el radio de la curva a que se refieren sus cálculos, partiendo estos radios del de 50 metros y aumentando 50 en 50 hasta 1000 metros y de 100 en 100 hasta 2000.

Radios mayores es rarísimo emplearlos, y cuando se presenten casos, es mejor calcular aparte que tener este aumento de texto en permanencia.

Indicamos también en la parte superior de cada tabla parcial las longitudes de la cuerda y la flecha; para la primera hemos adoptado de manera general y única la longitud de 20 metros; no es conveniente sea mayor, para tener un replanteo exacto, ni tampoco menor, porque, si en algún caso quisiéramos algunos puntos equidistantes en 10 metros, nada más fácil de obtener por medio de la flecha indicada para cada radio y la cuerda adoptada.

Dentro ya de las tablas, vemos que éstas nos dan en la primera columna de la izquierda el número de orden de los distintos puntos a marcar sobre el terreno para un desarrollo total de 200 metros, del cual no debe pasarse, operando desde una sola estación.

Enfrente de cada número de orden indicamos el ángulo que hay que abrir sobre la tangente, y a continuación su suplemento, que será el ángulo directo, según el sentido de la traza que hagamos.

R = 50; c = 20; F = 1,01

N.°	α	360° — α
1	11°32′13″	348°27′47″
2	23°04′26″	336°55′34″
3	34°36′39″	325°23′21″
4	46°08′52″	313°51′08″
5	57°41′05″	302°18 55″
6	69°13′18″	290°46′42″
7	80°45′31″	279°14′29″
8	92°17′44″	267°42′16″
9	103°49′57″	256°10′03″
10	115°22′10″	244°37′50″

R = 100; c = 20; F = 0,501

N.°	α	360° — α
1	5°44′21″	354°15′39″
2	11°28′42″	348°31′18″
3	17°13′03″	342°46′57″
4	22°57′24″	337°02′36″
5	28°41′45″	331°18′15″
6	34°26′06″	325°33′54″
7	40°10′27″	319°49′33″
8	45°54′48″	314°05′12″
9	51°39′09″	308°20′51″
10	57°23′30″	302°36′30″

R = 150; c = 20; F = 0,334

N.°	α	360° — α
1	3°49′21″	356°10′39″
2	7°38′42″	352°21′18″
3	11°28′04″	348°31′56″
4	15°17′25″	344°42′35″
5	19°06′46″	340°53′14″
6	22°56′07″	337°03′53″
7	26°45′28″	333°14′32″
8	30°34′50″	329°25′10″
9	34°24′11″	325°35′49″
10	38°13′32″	321°46′28″

R = 200; c = 20; F = 0,250

N.°	α	360° — α
1	2°51′58″	357°08′02″
2	5°43′55″	354°16′05″
3	8°35′53″	351°24′07″
4	11°27′50″	348°32′10″
5	14°19′48″	345°40′12″
6	17°11′45″	342°48′15″
7	20°03′43″	339°56′17″
8	22°55′40″	337°04′20″
9	25°47′38″	334°12′22″
10	28°39′36″	331°20′24″

R = 250; c = 20; F = 0,200

N.°	α	360° — α
1	2°17′33″	357°42′27″
2	4°35′06″	355°24′54″
3	6°52′38″	353°07′22″
4	9°10′11″	350°49′49″
5	11°27′44″	348°32′16″
6	13°45′17″	346°14′43″
7	16°02′50″	343°57′10″
8	18°20′22″	341°39′38″
9	20°37′55″	339°22′05″
10	22°55′28″	337°04′32″

R = 300; c = 20; F = 0,167

N.°	α	360° — α
1	1°54′37″	358°05′23″
2	3°49′14″	356°10′46″
3	5°43′50″	354°16′10″
4	7°38′27″	352°21′33″
5	9°33′04″	350°26′56″
6	11°27′41″	348°32′19″
7	13°22′17″	346°37′43″
8	15°16′54″	344°43′06″
8	17°10′31″	342°49′29″
10	19°05′08″	340°54′52″

R = 350; c = 20; F = 0,143

N.°	α	360° — α
1	1°38′14″	358°21′46″
2	3°16′28″	356°43′32″
3	4°54′42″	355°05′18″
4	6°32′56″	353°27′04″
5	8°11′10″	351°48′50″
6	9°49′24″	350°10′36″
7	11°27′39″	348°32′21″
8	13°05′53″	346°54′07″
9	14°44′07″	345°15′53″
10	16°22′21″	343°37′39″

R = 400; c = 20; F = 0,125

N.°	α	360° — α
1	1°25′57″	358°34°03″
2	2°51′54″	357°08′06″
3	4°17′51″	355°42′09″
4	5°43′49″	354°16′11″
5	7°09′46″	352°50′14″
6	8°35′43″	351°24′17″
7	10°01′40″	349°58′20″
8	11°27′37″	348°32′23″
9	12°53′34″	347°06′26″
10	14°19′31″	345°40′29″

R = 450; c = 20; F = 0,111

N.°	α	360° — α
1	1°16′24″	358°43′36″
2	2°32′48″	357°27′12″
3	3°49′12″	356°10′48″
4	5°05′36″	354°54′24″
5	6°22′00″	353°38′00″
6	7°38′24″	352°21′36″
7	8°54′48″	351°05′12″
8	10°11′12″	349°48′48″
9	11°27′36″	348°32′24″
10	12°44′00″	347°16′00″

R = 500; c = 20; F = 0,100

N.°	α	360° — α
1	1°08′46″	358°51′14″
2	2°17′31″	357°42′29″
3	3°26′17″	356°33′43″
4	4°35′02″	355°24′58″
5	5°43′48″	354°16′12″
6	6°52′33″	353°07′27″
7	8°01′19″	351°58′41″
8	9°10′05″	350°49′55″
9	10°18′51″	349°41′09″
10	11°27′37″	348°32′23″

R = 550; c = 20; F = 0,091

N.°	α	360° — α
1	1°02′30″	358°57′30″
2	2°05′01″	357°54′59″
3	3°07′31″	356°52′29″
4	4°10′02″	355°49′58″
5	5°12′32″	354°47′28″
6	6°15′03″	353°44′57″
7	7°17′33″	352°42′27″
8	8°20′04″	351°39′56″
9	9°22′34″	350°37′26″
10	10°25′04″	349°34′56″

R = 600; c = 20; F = 0,082

N.°	α	360° — α
1	0°57′18″	359°02′42″
2	1°54′36″	358°05′24″
3	2°51′54″	357°08′06″
4	3°49′12″	356°10′48″
5	4°46′30″	355°13′30″
6	5°43′47″	354°16′13″
7	6°41′05″	353°18′55″
8	7°38′23″	352°21′37″
9	8°35′31″	351°24′29″
10	9°32′49″	350°27′11″

R = 650; c = 20; F = 0,077

N°	α	360° — α
1	0°52′53″	359°07′07″
2	1°45′47″	358°14′13″
3	2°38′40″	357°21′20″
4	3°31′34″	356°28′26″
5	4°24′27″	355°35′33″
6	5°17′21″	354°42′39″
7	6°10′14″	353°49′46″
8	7°03′07″	352°56′53″
9	7°56′00″	352°04′00″
10	8°48′53″	351°11′07″

R = 700; c = 20; F = 0,072

N.°	α	360° — α
1	0°49′07″	359°10′53″
2	1°38′13″	358°21′47″
3	2°27′20″	357°32′40″
4	3°16′27″	356°43′33″
5	4°05′34″	355°54′26″
6	4°54′40″	355°05′20″
7	5°43′47″	354°16′13″
8	6°32′54″	353°27′06″
9	7°22′01″	352°37′59″
10	8°11′08″	351°48′52″

R = 750; c = 20; F = 0,067

N.°	α	360° — α
1	0°45′50″	359°14′10″
2	1°31′41″	358°28′19″
3	2°17′31″	357°42′29″
4	3°03′21″	356°56′39″
5	3°49′11″	356°10′49″
6	4°35′02″	355°24′58″
7	5°20′52″	354°39′08″
8	6°06′42″	353°53′18″
9	6°50′32″	353°09′28″
10	7°34′22″	352°25′38″

R = 800; c = 20; F = 0,063

N.°	α	360° — α
1	0°42′58″	359°17′02″
2	1°25′57″	358°34′03″
3	2°08′55″	357°51′05″
4	2°51′54″	357°08′06″
5	3°34′52″	356°25′08″
6	4°17′50″	355°42′10″
7	5°00′49″	354°59′11″
8	5°43′47″	354°16′13″
9	6°26′45″	353°33′15″
10	7°09′43″	352°50′17″

R = 850; c = 20; F = 0,059

N.°	α	360° — α
1	0°40′27″	359°19′33″
2	1°20′53″	358°39′07″
3	2°01′20″	357°58′40″
4	2°41′47″	357°18′13″
5	3°22′14″	356°37′46″
6	4°02′40″	355°57′20″
7	4°43′07″	355°16′53″
8	5°23′34″	354°36′26″
9	6°04′01″	353°55′59″
10	6°44′26″	353°15′34″

R = 900; c = 20; F = 0,056

N.°	α	360° — α
1	0°38′12″	359°21′48″
2	1°16′24″	358°43′36″
3	1°54′36″	358°05′24″
4	2°32′48″	357°27′12″
5	3°10′59″	356°49′01″
6	3°49′11″	356°10′49″
7	4°27′23″	355°32′37″
8	5°05′35″	354°54′25″
9	5°43′47″	354°16′13″
10	6°21′59″	353°38′01″

R = 950; c = 20; F = 0,053

N.º	α	360º — α
1	0º36′11″	359º23′49″
2	1º12′22″	358º47′38″
3	1º48′34″	358º11′26″
4	2º24′45″	357º35′15″
5	3º00′56″	356º59′04″
6	3º37′07″	356º22′53″
7	4º13′19″	355º46′41″
8	4º49′30″	355º10′30″
9	5º25′41″	354º34′19″
10	6º01′52″	353º58′08″

R = 1000; c = 20; F = 0,050

N.º	α	360º — α
1	0º34′23″	359º25′37″
2	1º08′45″	358º51′15″
3	1º43′08″	358º16′52″
4	2º17′31″	357º42′29″
5	2º51′53″	357º08′07″
6	3º26′16″	356º33′44″
7	4º00′39″	355º59′21″
8	4º35′01″	355º24′59″
9	5º09′24″	354º50′36″
10	5º43′47″	354º16′13″

R = 1100; c = 20; F = 0,045

N.º	α	360º — α
1	0º31′15″	359º28′45″
2	1º02′30″	358º57′30″
3	1º33′45″	358º26′15″
4	2º05′01″	357º54′59″
5	2º36′16″	357º23′44″
6	3º07′31″	356º52′29″
7	3ª38′46″	356º21′14″
8	4º10′01″	355º49′59″
9	4º41′16″	355º18′44″
10	5º12′31″	354º47′29″

R = 1200; c = 20; F = 0,042

N.º	α	360º — α
1	0º28′39″	359º31′21″
2	0º57′18″	359º02′42″
3	1º25′57″	358º34′03″
4	1º54′36″	358º05′24″
5	2º23′14″	357º36′46″
6	2º51′53″	357º08′07″
7	3º20′32″	356º39′28″
8	3º49′11″	356º10′49″
9	4º17′50″	355º42′10″
10	4º46′29″	355º13′31″

R = 1300; c = 20; F = 0,038

N.º	α	360º — α
1	0º26′27″	359º33′33″
2	0º52′53″	359º07′07″
3	1º19′20″	358º40′40″
4	1º45′47″	358º14′13″
5	2º12′13″	357º47′47″
6	2º38′40″	357º21′20″
7	3º05′07″	356º54′53″
8	3º31′33″	356º28′27″
9	3º58′00″	356º02′00″
10	4º24′27″	355º35′33″

R = 1400; c = 20; F = 0,036

N.º	α	360º — α
1	0º24′33″	359º35′27″
2	0º49′07″	359º10′53″
3	1º13′40″	358º46′20″
4	1º38′13″	358º21′47″
5	2º02′47″	357º57′13″
6	2º27′20″	357º32′40″
7	2º51′53″	357º08′07″
8	3º16′27″	356º43′33″
9	3º41′00″	356º19′00″
10	4º05′33″	355º54′27″

R = 1500; c = 20; F = 0,033		
N.°	α	360° — α
1	0°22′55″	359°37′05″
2	0°45′50″	359°14′10″
3	1°08′45″	358°51′15″
4	1°31′40″	358°28′20″
5	1°54′36″	358°05′24″
6	2°17′31″	357°42′29″
7	2°40′26″	357°19′34″
8	3°03′21″	356°56′39″
9	3°26′16″	356°33′44″
10	3°49′11″	356°10′49″

R = 1600; c = 20; F = 0,031		
N.°	α	360° — α
1	0°21′29″	359°38′31″
2	0°42′58″	359°17′02″
3	1°04′27″	358°55′33″
4	1°25′57″	358°34′03″
5	1°47′26″	358°12′34″
6	2°08′55″	357°51′05″
7	2°30′24″	357°29′36″
8	2°51′53″	357°08′07″
9	3°13′22″	356°46′38″
10	3°34′51″	356°25′09″

R = 1700; c = 20; F = 0,030		
N.°	α	360° — α
1	0°20′13″	359°39′47″
2	0°40′27″	359°19′33″
3	1°00′40″	358°59′20″
4	1°20′53″	358°39′07″
5	1°41′07″	358°18′53″
6	2°01′20″	357°58′40″
7	2°21′23″	357°38′27″
8	2°41′47″	357°18′13″
9	3°02′00″	356°58′00″
10	3°22′13″	356°37′47″

R = 1800; c = 20; F = 0,028		
N.°	α	360° — α
1	0°19′06″	359°41′54″
2	0°38′12″	359°21′48″
3	0°57′18″	359°02′42″
4	1°16′24″	358°43′36″
5	1°35′30″	358°24′30″
6	1°54′36″	358°05′24″
7	2°13′41″	357°46′19″
8	2°32′47″	357°27′13″
9	2°51′53″	357°08′07″
10	3°10′59″	356°49′01″

R = 1900; c = 20; F = 0,027		
N.°	α	360° — α
1	0°18′06″	359°41′54″
2	0°36′11″	359°23′49″
3	0°54′17″	359°05′43″
4	1°12′22″	358°47′38″
5	1°30′28″	358°29′32″
6	1°48′34″	358°11′26″
7	2°06′39″	357°53′21″
8	2°24′45″	357°35′15″
9	2°42′51″	357°17′09″
10	3°00′57″	356°59′03″

R = 2000; c = 20; F = 0,025		
N.°	α	360° — α
1	0°17′11″	359°42′49″
2	0°34′23″	359°25′37″
3	0°51′34″	359°08′26″
4	1°08′45″	358°51′15″
5	1°25′57″	358°34′03″
6	1°43′08″	358°16′52″
7	2°00′19″	357°59′41″
8	2°17′31″	357°42′29″
9	2°34′42″	357°25′18″
10	2°51′53″	357°08′07″

INDICE DEL LIBRO